梁军 ／ 李启昕 ／ 陈斗南 ／ 刘海燕 ／ 宋博 著

借笔建模 2
BASIC DRAWING
工业设计手绘零基础到精通

辽宁美术出版社

梁军 ／ 李启昕 ／ 陈斗南 ／ 刘海燕 ／ 宋博 著

借笔建模 2
BASIC DRAWING
工业设计手绘零基础到精通

辽宁美术出版社

项目编号：kypt2018016

黄山学院校级科研平台：黄山学院工艺美术传统技艺研究中心（阶段性成果）

图书在版编目（CIP）数据

借笔建模．2，工业设计手绘零基础到精通 ／ 梁军等
著．— 沈阳 ：辽宁美术出版社，2022.3
　　ISBN 978–7–5314–8977–1

　　Ⅰ．①借… Ⅱ．①梁… Ⅲ．①产品设计－绘画技法
Ⅳ．①TB472

中国版本图书馆CIP数据核字 (2021) 第195021号

出　版　者：辽宁美术出版社
地　　　址：沈阳市和平区民族北街29号　邮编：110001
发　行　者：辽宁美术出版社
印　刷　者：辽宁新华印务有限公司
开　　　本：889mm×1194mm　1/16
印　　　张：18.75
字　　　数：500千字
出版时间：2022年3月第1版
印刷时间：2022年3月第1次印刷
责任编辑：王　楠
封面设计：梁　军　陈斗南
责任校对：郝　刚
书　　　号：ISBN 978–7–5314–8977–1
定　　　价：168.00元

邮购部电话：024–83833008
E–mail：lnmscbs@163.com
http：//www.lnmscbs.cn
图书如有印装质量问题请与出版部联系调换
出版部电话：024–23835227

内容简介 INTRODUCTION

　　本书将从基础内容开始，由浅入深地分类讲解线条、透视、线稿、光影、材质等基础知识，再以不同类型的产品为切入点，将"借笔建模"的设计手绘教学模式融会贯通于不同产品案例绘制之中，逐类进行线稿绘制与马克笔着色讲解，并依据形态与结构的不同，以及光影与材质的变化，进行技能与技巧的剖析与介绍。从而，帮助读者更直观地了解"借笔建模"的教学模式，更高效地掌握科学的分析思考能力，更快速地驾驭工业设计手绘表达技能。

读者对象 READERS

　　本书适用于高校工业设计专业、产品设计专业及相关专业学生，同时也适用于具备一定手绘基础的设计从业人员。

作为老师,我经常遇到初学设计的学生真诚地、急切地问我"什么是设计""什么是好设计""该怎样做设计""怎样才能成为好设计师"等诸如此类的问题。我一直将这样的问题归为"天问"。设计大师、设计明星、设计理论家或者教育家也一直在通过他们的作品、书籍、言论等追问(或者说注释)这样的问题,也就是说他们一直在"上下求索",而这样的求索活动从包豪斯时代开始一直延续到今天,并且将一直延续下去。

那么,设计是否可以传授?设计到底有没有方法可言?如果有,应该是怎样的?这是我们设计领域无法回避的追问。

古罗马的某位哲学家说过一句话:"人们并不被事物所扰乱,而是被他们对事物的看法所扰乱。"同一事物,由于观察者的立场、角度、层次等不同,或着眼的动机、过程、结果、观念、方法、技术、工具、影响等不同,其结论完全不同。

当前经济全球化、技术潜能扩延、需求地域化、消费个性化,然而资源匮乏、污染严重,人类未来的生存方式的变革正在酝酿。不仅经济、政治,而且文化都将发生观念性的革命。设计绝不再仅是时尚、奢华、美化、欣赏、高雅文化的载体,也不再是商业牟利的工具,更不是技术的推销术,设计将承载人类理想、道德的重任。而设计本来应有的"为人设计"的职责在近几十年的商品经济中被严重地歪曲了,这一切的一切不深入研究,设计将无法抗衡现实世界的诱惑和抵制,无法立足。所以,研究型设计将是未来设计立足之本;否则,设计只是金钱和权力的附庸。设计,应是人类未来不被毁灭,除科学和艺术之外的第三种智慧和能力。

如果把设计定义为"创造人类健康、合理的生存方式"的话,"服务性设计"就是设计的最高层次。它是人类进入可持续发展阶段的必然境界,不仅要解决当前的人类生存问题,还要思考人类下一代以及未来人类生存、发展的可能,"提倡个人使用,而不提倡私人占有",中国古代的哲理早就提出"留有余地,适可而止"。

好的设计师是有社会责任感的,是要有正面立场和原则的。我认为设计本身就是一项关注社会的行为,要具有为他人、为大多数人服务的责任,并要利用优秀卓越的意识和技能对社会和大众生活作出积极正面的改变,只有这样,才可称得上是好的设计。设计应理解人类基本生活的概念——"栖息",要对现实生活有更加深刻的认识和判断,要有清醒的头脑,尤其在经济全球化和技术发达进步的今天,要对一些生存现象和生活抱有观察、思考乃至批判的态度。

纵然,设计在许多方面深刻影响着我们所有人的生活,但是它的巨大潜能却仍尚待开发。

人类生产、科学实践、市场经济全球化,使得设计的范围、内容、广度、深度自然骤增。信息交流与储存技术的渠道、方式、速度、效率的发展,使得信息量急剧膨胀,使原有的生产管理体制、文化、艺术、道德、思维几乎容纳不下这种时间、空间的变化了。人类必须掌握在行动之前更全面地探测危机的本领,这就是说人类行为的决策,也可以说"设计"的功能已被提高到知识和资源的整合、企业和经济的管理、产业创新和社会管理创新,乃至"探索"人类未来生存方式的高度上来了。

人,如果只是一种生理机械的程序,只是利欲熏心的经营,那人类的生命毫无意义可言。如果真是那样,那将是一种怎样可怕的情境?所幸的是,我们人类并不如此。我们人类是充满了血肉情感的生灵,我们有着无穷无尽的渴望、理想与追求,需要去尝试、探索、试验、实现。所以,我们需要学习,要以探索未知过程中的情感和创造来引导自己的发展。人类的生命历程告诉我们,如果没有探索求知的意识,没有变革创新的设计,这个世界便没有任何价值。

我国几乎所有现代工业技术的传播推广,都通过蓝图或机械、工具、产品的进口仿制来完成。不重视经营研究、开发,致使中国企业平台乃至社会机体发展畸形,科研过程、人才资源、技术进步、劳动组织、效益分配、领导能力、决策管理、体制制度等的因果关系含混,认为资金、设备、技术的投入是企业进步、效益扩大的关键,忽略了自主研究开发机制的建立,使企业失去了在动态的国际发展趋势中存活的能力。关注人力组织机制、产品与资源的分配和陶冶理想、激发创新已不仅是企业未来发展的重心,更应是教育的重心。教育机构仿造哈佛大学或麻省理工学院,投入巨资,配备实验大楼和设备就能出成果和人才吗?

黄山首绘,在工业设计教育培训领域进行了十几年的探索,成了中国工业设计教育的有效补充,并培养了大量的人才。我在为她的探索感到欣慰的同时,也寄予厚望:不要满足已有的成果,"设计"的责任远非如此。

《借笔建模》一书,时隔七年后再版,也记录了这七年间他们的设计手绘教研与实践成果,以及教育责任承载。

工业设计手绘要表达的内容并不是手绘本身,而是所绘制的内容及设计思考的传递。设计师需要有很强的创新能力及独特的思维,唯有创新与独特的思维才能创想未来。而表达能力,是设计师能力与思维的重要工具与承载方式。

写此序的思路和内容是我谓之的"使命",也是我对中国年轻一代设计师的嘱咐,愿我国年轻一代的优秀设计师也能担负起这个重任。

柳冠中

清华大学首批文科资深教授 / 博士研究生导师

设计，源于对过往生命的感悟和对未来美好生活的憧憬。没有生命感悟与憧憬的人，不能成为一个好设计师；而能感怀生命，怀抱希望的人，其实都可以成为优秀的"设计师"。

每一个人，也都应该是一名优秀的"设计师"。我们在生老病死的生命旅途中，在荏苒更替的自然规律中，在瞬息万变的社会变迁中，在日新月异的技术革新中，去感悟、感怀、感恩生命的含义，再带着无限的憧憬去设想、去计划、去创造。从而，输出生命的意义。

工业设计师的不同之处在于，我们是通过创造"物"来承载设计生命的"意义"，但其本质是感悟与憧憬"事"。我的授业恩师柳冠中先生在其著作《事理学论纲》一书中提到，"设计，看起来是在造物，其实是在叙事"，即设计是为了某件事，而进行创造的过程。"事"是起因，而"物"是结果。

当洞察了起因，在探求未知结果的过程中，工业设计师需要一种工具和途径来承载思考。在这个"喧嚣"的时代，似乎可供的选择数不胜数，但，哪一种最能直通心灵？

以作家做类比，运用纸上的记录来阐述认知，通过笔下的反馈来激荡思维，依然是最能"心手合一"的方式。而设计手绘这一最"原始"的表达方式，也依然是设计创造者直通心灵最有效的钥匙。因为"笔"连着你的"手"，"手"连着你的"心"。设计手绘，唤醒的是"心"与"手"的互动，再通过最快捷、直观的视觉反馈来叙事、抒情、讲理，直至帮助我们找到那个最合适的答案。

学习设计手绘，如果没有从本质上掌握科学的方法，在进行设计表达时会"如鲠在喉"。但仅仅将手绘视为"巧舌如簧"的表现工具，忽略了其能帮助我们更"巧捷万端"地去探求设计答案的效能，反而会成为设计创造者综合能力提升的障碍。

"借笔建模"这一设计手绘教学体系，从雏形到发展再到成熟，已经历时整整十四年。其初衷，就在于帮助每一个热爱创造的人，在期盼更美好的"事"和探求更美妙的"物"中，能更准确地找到那把直通心灵之门的钥匙。

人们说，七年是一次轮回，也是一次重生。2006年至2013年的第一个"七年"，我们出版了《借笔建模》。2014年至2020年的第二个"七年"，《借笔建模2》撰写完成。其不只是教学体系的升级，还是"细胞"与"机能"的全面自我进化与更替。

在这两个"七年"中，我们得到了众多师友与太多太多学生的支持与帮助。"借笔建模"的设计表达思维方式，也随着一批又一批的学生深入高校与设计行业，在切实地记录着他们的思维，承载着他们的思考，拓展着他们的思绪。但，我们的脚步绝不会仅仅停留至此，也不能仅仅停留至此。

2013年，《借笔建模》出版后不久，在一次与黄山首绘学生聊天时，他们坚毅地对我说道："梁老师，我们以后是怎样，中国的工业设计就是怎样。"这一句让人对未来中国工业设计充满希望的"誓言"，让我陷入沉思。下一个七年，我们该给这些怀抱希望的学子带来怎样的帮助？在中华民族复兴的历史进程中，在中国工业设计全球崛起的发展过程中，这些学子面对的机遇和挑战都将前所未有，我们又能提供怎样的帮助？这是我们要给出的时代答案，而对这一答案的寻求，可能是一个永远没有终点的征途。

2020年，《借笔建模2》的撰写，只是我们在征途中给出的阶段性答案。期盼能帮助到每一个热爱工业设计的人，在感悟生命、憧憬未来的旅程中，在设想、计划、创造的过程中，在"谋事"与"造物"的历程中，能快速找到那把直通心灵最深处的钥匙。

感谢散落天涯的黄山首绘万千学子，因为你们的信任和支持，我们才能坚持一个又一个七年，从事着我们挚爱的设计教育事业。

感谢罗剑、严专军、程璐、洪亮等与我共同艰难前行的战友，在十几年的旅程中，与我一起并肩探索中国工业设计教育培训的前进方向。感谢借笔建模课程团队的努力，以及为本书顺利出版所做出的贡献。

同时，再与大家相约"借笔建模"下一个七年的进化与蜕变。

梁军

副教授/硕士研究生导师
2020年2月于黄山

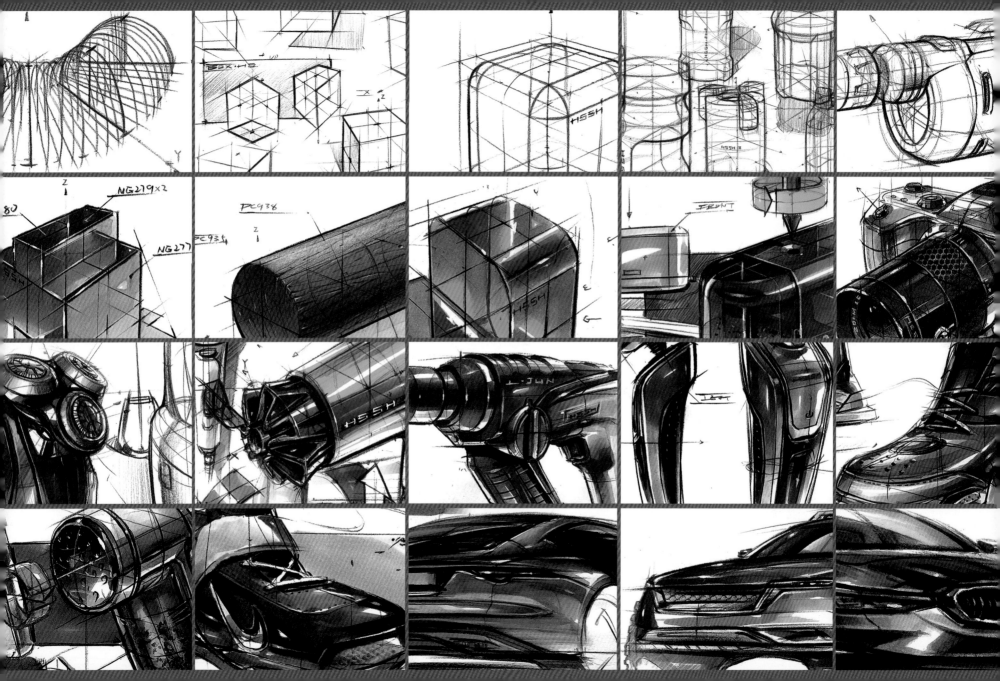

目 录
CONTENTS

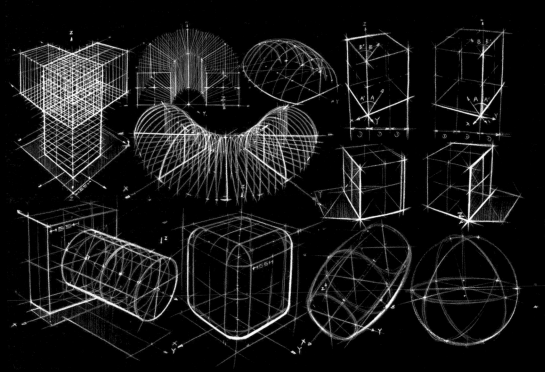

如果线条是写文章时的字，那透视就是将字放在合理位置的语法规则与段落架构，你不一定要成为书法家，但要知道每一个字该怎么写，该放在哪里，才能写出一篇内容准确、条理清晰的文章。

第一章 从线条到空间

第一节 线条

一、握笔与运笔

1. 握笔姿势

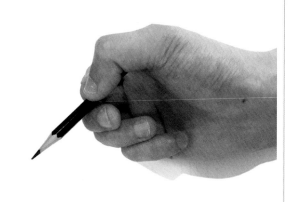

握笔高度：笔尖大致与手掌底部同高，以保障在舒适状态下，能略有依托地轻松绘制线条。

握笔方式：将笔杆卡在虎口，手指"钳"住铅笔，以保证运用手腕或手臂"推"出线条时，铅笔不会晃动。

在掌握了该握笔姿势后，再借助手腕或手臂的推力，能更准确地绘制出工业设计手绘所需要的不同线条。

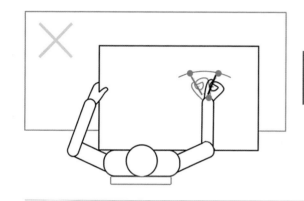

5厘米左右的线条，用前臂带动手腕与铅笔进行线条绘制，控笔能力及绘制结果会更好。

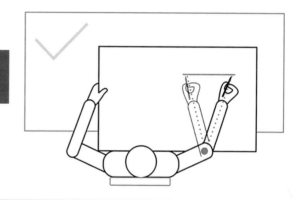

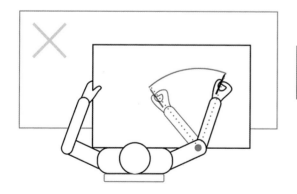

更长的线条则需要整体手臂的推动来带动手腕与铅笔，以突破人体结构所造成的障碍。

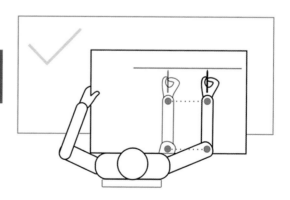

二、直线

1. 直线种类

❶ 两边轻中间重 / 使用方式：外交 / 作用：快速绘制整体形态与透视

❷ 起点重终点轻 / 使用方式：内接 / 作用：深入塑造结构与设计细节

❸ 整体轻重均衡 / 使用方式：复描 / 作用：线条加重与线稿整体调整

不同阶段应该采用不同的线条进行绘制。如果陷入用一种线条去"包打天下"的误区，容易导致在开始的起形阶段就画"死"，中间的塑造阶段线条错误率高，最后的调整阶段线条"长毛"。

2. 直线使用

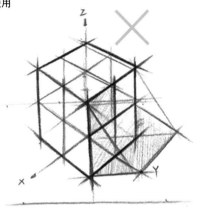

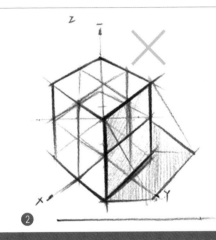

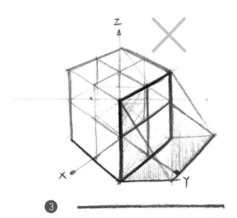

❶ 单纯用第一种线条贯穿线稿绘制，对线条控制能力有极高的要求，在加重线条时容易"长毛"，且容易造成线稿虚实不清、重点不明的情况。

❷ 第二种线条相对比较好控制，但因其起点重终点轻的特点，如单纯用该类线条贯穿线稿绘制，容易画成类似被"烧焦"的情况，图面也会略显拘谨。

❸ 第三种线条最容易控制，也最适合用于最后的线条加深，可以很好地避免"长毛"的情况。但如果贯穿于线稿绘制，从起稿阶段就已画"死"，越深入会画得越"僵硬"。

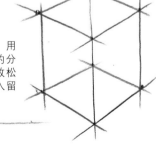

分析好形态与透视后，用第一种线条绘制大致的分析结果。同时，相对放松的线条也为进一步深入留有余地。

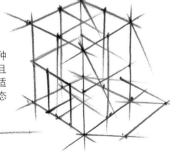

相比第一种线条，第二种线条有更明确的起点，且线条本身更容易控制。适合用于进一步明确形态阶段。

最后用第三种线条进行整体调整，加重线条时不易"长毛"。至此，通过不同线条在不同阶段使用，能让线稿绘制过程有序，且繁简有依、虚实有度。

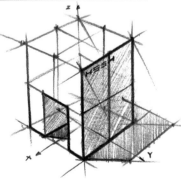

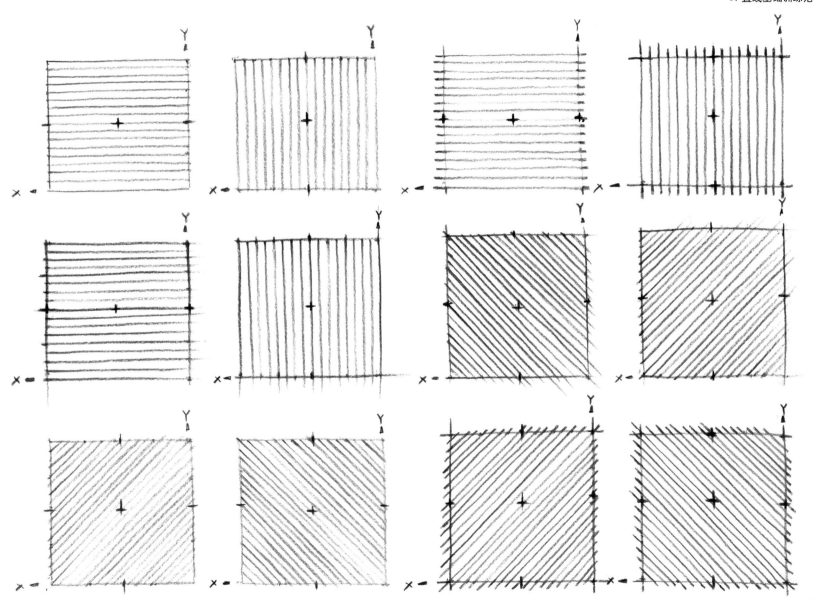

4. 直线空间训练范本

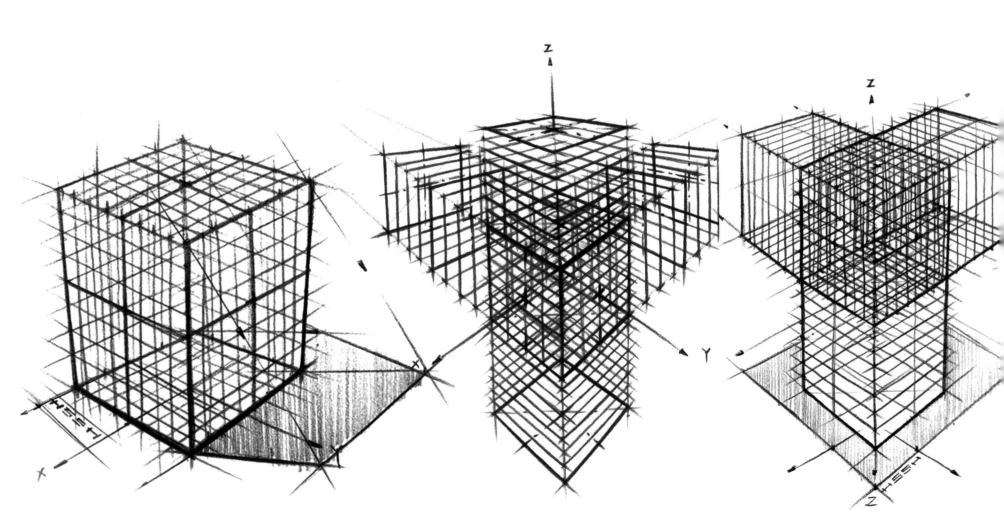

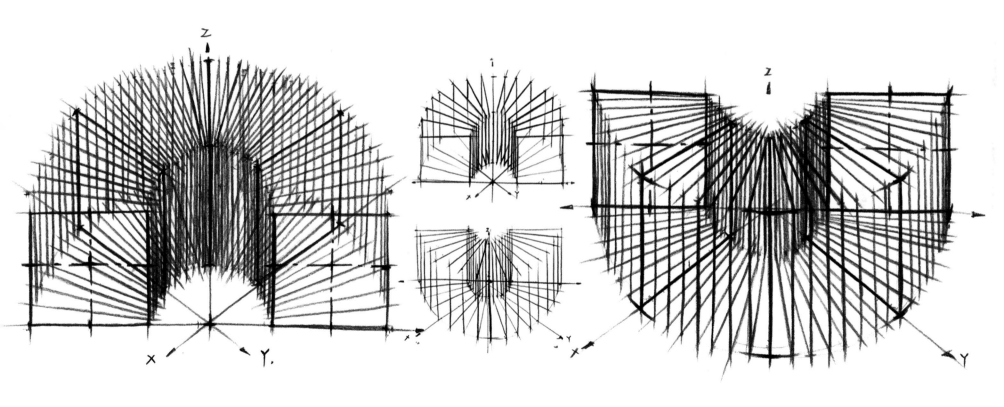

三、弧线

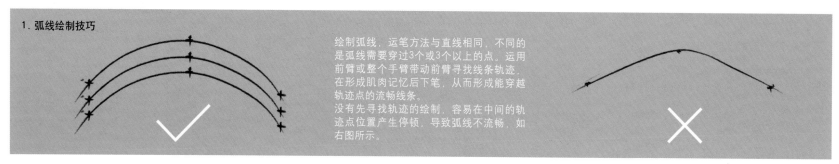

1. 弧线绘制技巧

绘制弧线，运笔方法与直线相同，不同的是弧线需要穿过3个或3个以上的点。运用前臂或整个手臂带动前臂寻找线条轨迹，在形成肌肉记忆后下笔，从而形成能穿越轨迹点的流畅线条。

没有先寻找轨迹的绘制，容易在中间的轨迹点位置产生停顿，导致弧线不流畅，如右图所示。

2. 弧线的透视

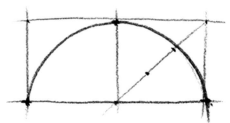

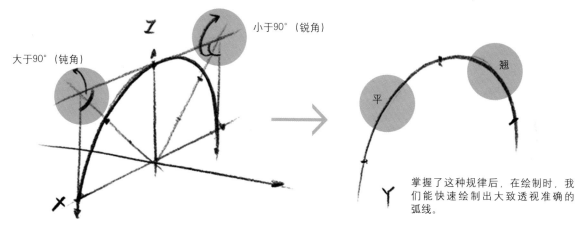

大多数情况下，规律的弧线为圆或者椭圆中的一段线条。如果给其加上外框，当发生透视变形后，我们会发现一个规律：外框的角大于90°时，角内区域弧线是"平"的过渡；外框的角小于90°时，角内区域的弧线会形成更大的"翘"弧。

掌握了这种规律后，在绘制时，我们能快速绘制出大致透视准确的弧线。

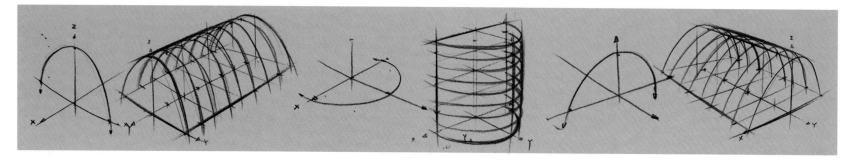

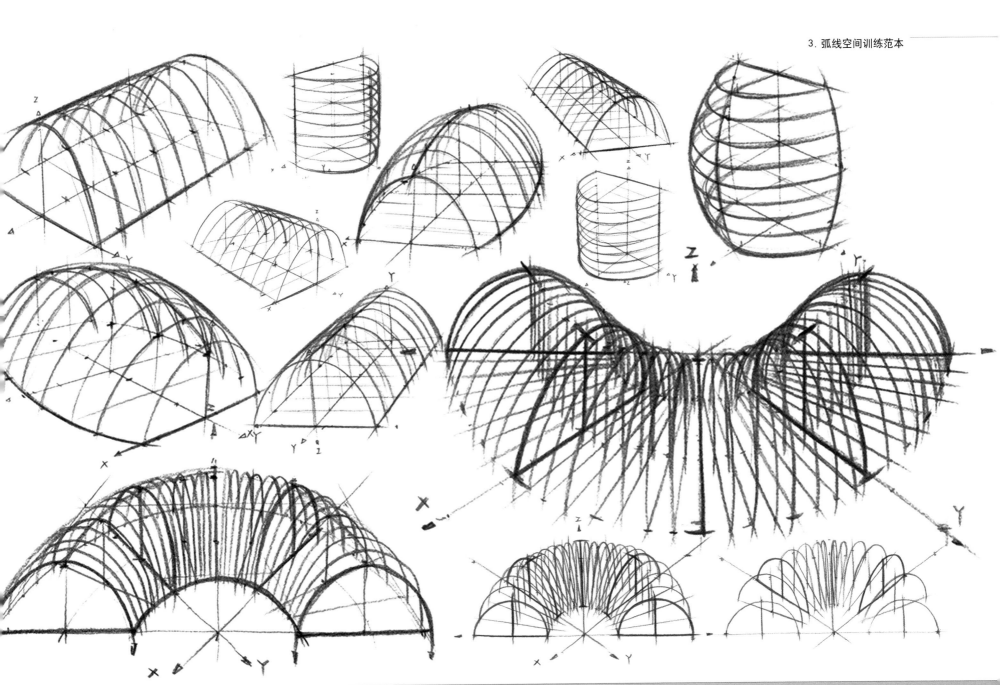

四、椭圆、正圆

1.椭圆绘制

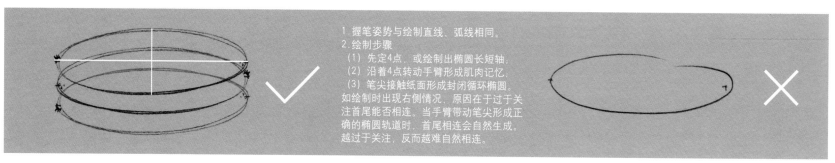

1.握笔姿势与绘制直线、弧线相同。
2.绘制步骤
（1）先定4点，或绘制出椭圆长短轴；
（2）沿着4点转动手臂形成肌肉记忆；
（3）笔尖接触纸面形成封闭循环椭圆。
如绘制时出现右侧情况，原因在于过于关
注首尾能否相连。当手臂带动笔尖形成正
确的椭圆轨道时，首尾相连会自然生成。
越过于关注，反而越难自然相连。

2.正圆绘制

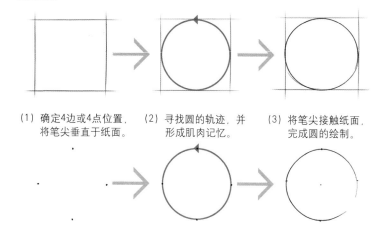

（1）确定4边或4点位置，
将笔尖垂直于纸面。

（2）寻找圆的轨迹，并
形成肌肉记忆。

（3）将笔尖接触纸面，
完成圆的绘制。

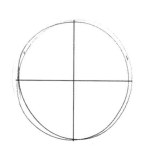

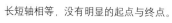

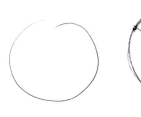

长短轴相等，没有明显的起点与终点。

过于强调首尾，反而导致
首尾不能很好连接。

长短轴不等，下一次绘制
时往短轴方向适当加力。

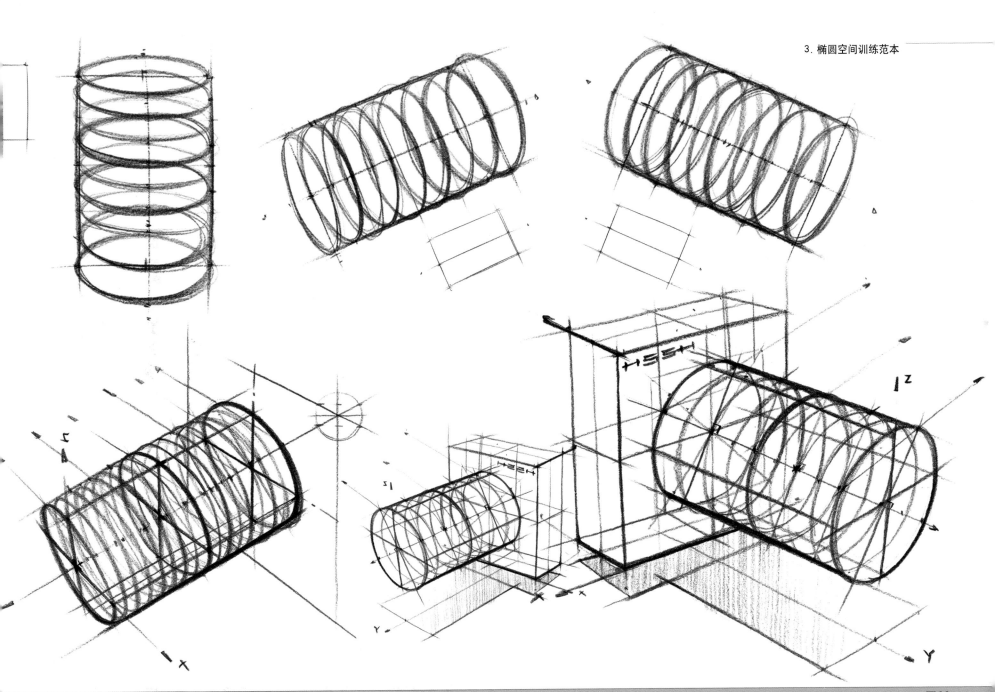

第二节 透视实战技巧

一、透视基础

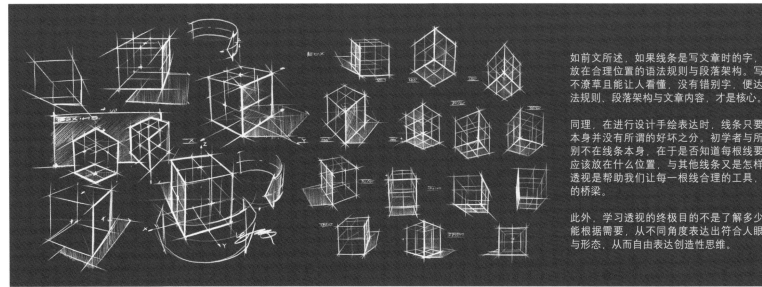

如前文所述,如果线条是写文章时的字,那透视就是将字放在合理位置的语法规则与段落架构。写文章时,字只要不潦草且能让人看懂,没有错别字,便达到了功效;而语法规则、段落架构与文章内容,才是核心。

同理,在进行设计手绘表达时,线条只要清晰、肯定,其本身并没有所谓的好坏之分。初学者与所谓高手的根本区别不在线条本身,在于是否知道每根线要塑造的是什么,应该放在什么位置,与其他线条又是怎样的关系。所以,透视是帮助我们让每一根线合理的工具,是从线条到空间的桥梁。

此外,学习透视的终极目的不是了解多少透视知识,而是能根据需要,从不同角度表达出符合人眼视觉规律的空间与形态,从而自由表达创造性思维。

1.透视原理

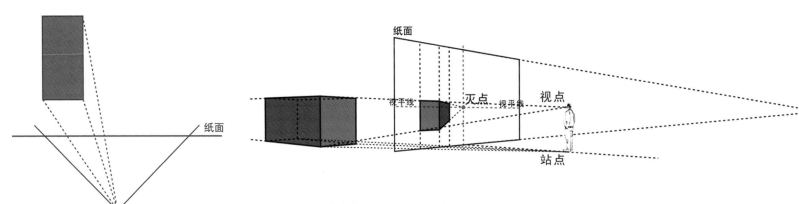

所谓透视,可以简单地理解为"透而视之"。其原理为:假定绘制对象与绘制者之间有一个假想平面(如图中的"纸面"),将假想平面后的绘制对象投射至平面上,并将该结果在我们的画面中表现出来,从而完成符合人眼视觉规律的三维表达。

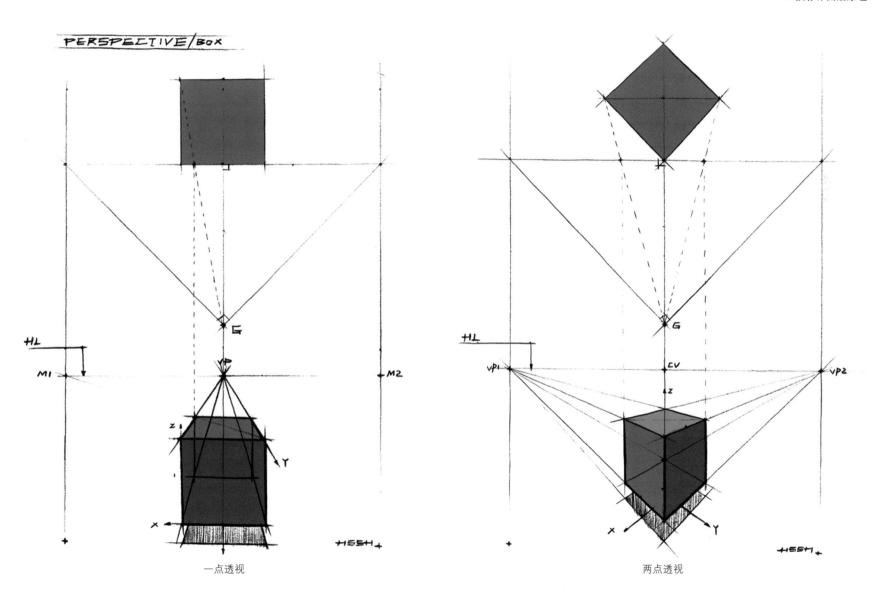

PERSPECTIVE/BOX

一点透视

两点透视

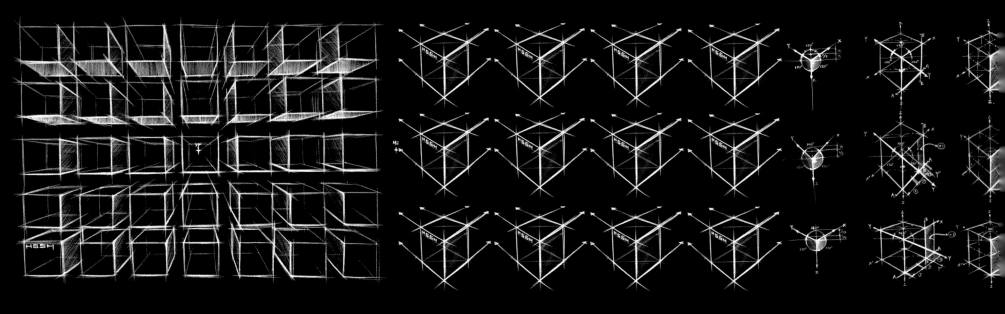

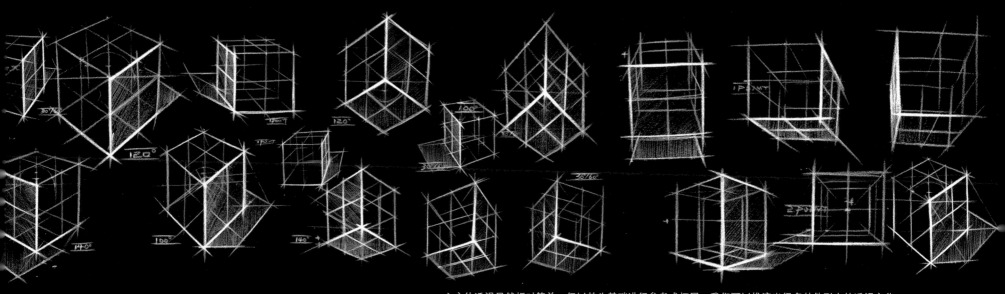

立方体透视虽然相对简单，但以其为基础进行参考或拓展，我们可以推演出很多其他形态的透视变化。

二、立方体

1. 一点透视实战技巧

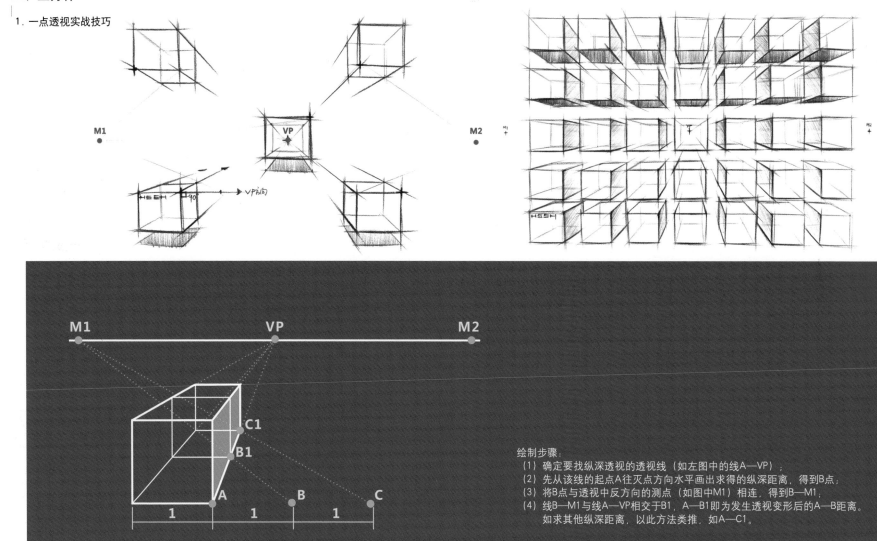

绘制步骤：
(1) 确定要找纵深透视的透视线（如左图中的线A—VP）；
(2) 先从该线的起点A往灭点方向水平画出求得的纵深距离，得到B点；
(3) 将B点与透视中反方向的测点（如图中M1）相连，得到B—M1；
(4) 线B—M1与线A—VP相交于B1，A—B1即为发生透视变形后的A—B距离。
    如求其他纵深距离，以此方法类推，如A—C1。

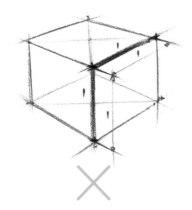
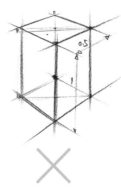
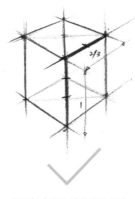
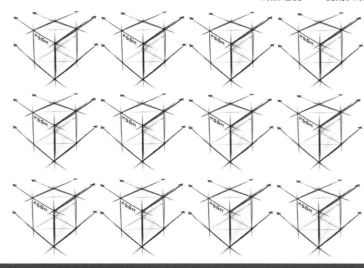

变线与真高线长度相等时，视觉上左右纵深长度过长。

变线长度为真高线1/2时，视觉上高度过高。

变线长度约为真高线2/3时，视觉上符合立方体尺寸。

两点透视的变化角度过多，难以用统一的方法进行计算。但从前文的投影作图法中，我们已掌握了在正前方45°视角时的透视变化规律。

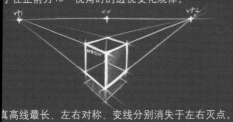

真高线最长，左右对称，变线分别消失于左右灭点。

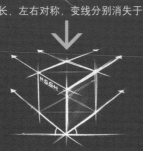

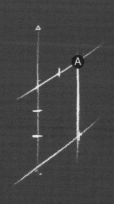

变线

真高线

变线

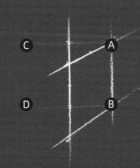

立方体45°视角绘制步骤：
（1）绘制真高线与两根变线，变线略成夹角，延长可相交。

（2）取真高线2/3，或略长一点，确定变线距离，绘制右侧面。

（3）将点A、B镜像至点C、D。

（4）绘制左侧面及底面、顶面。

3. 立方体旋转

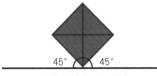

45° 45°

立方体正前方45°视角

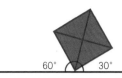

60° 30°

顺时针旋转成右30°、左60°

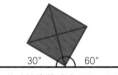

30° 60°

逆时针旋转成右60°、左30°

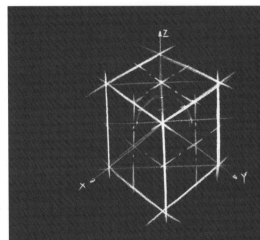

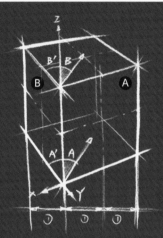

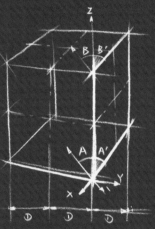

左右对称，变线长度约为真高线2/3，真高线与两边变线形成的夹角相等。

60°为30°的两倍，顺时针旋转后，右侧面A水平宽度约为左侧面B的两倍。真高线与右侧变线形成的夹角，约等于与左侧变线夹角的两倍。

逆时针旋转后，与顺时针旋转后的变化刚好相反。若绘制其他旋转角度，以此方法类推，例如绘制15°和75°的旋转角度，左右宽度与角度约为1：5。

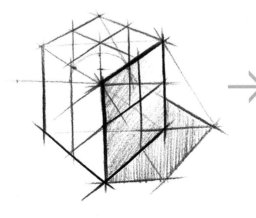

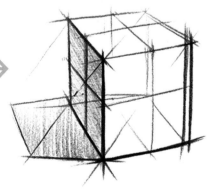

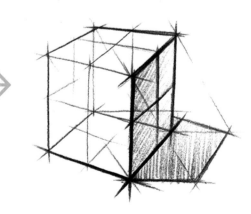

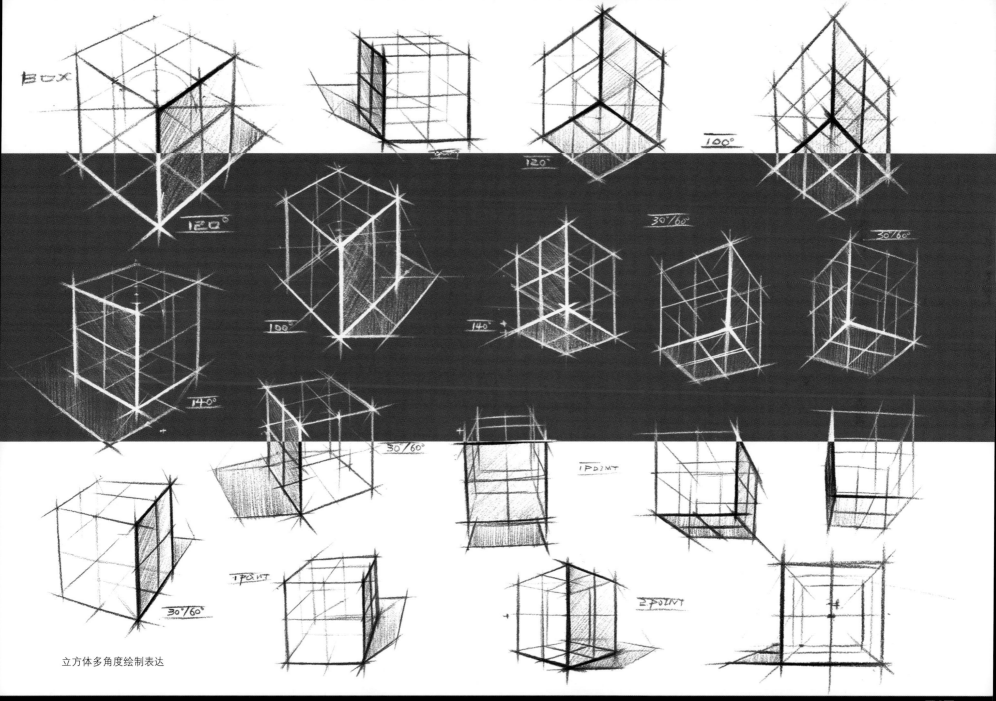

立方体多角度绘制表达

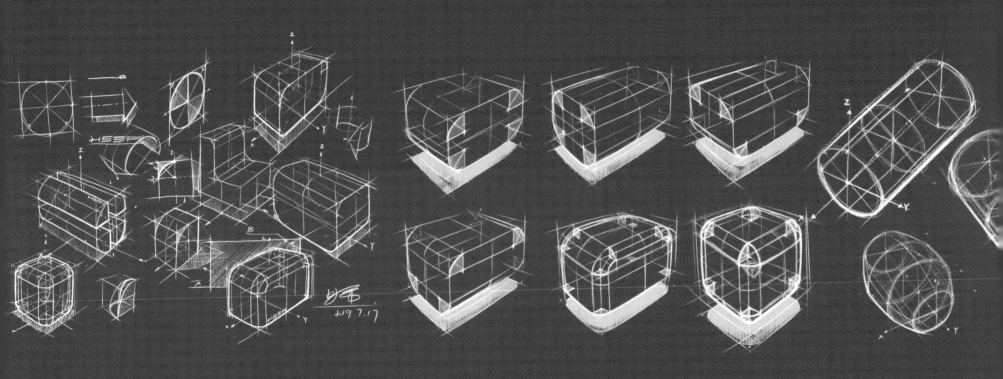

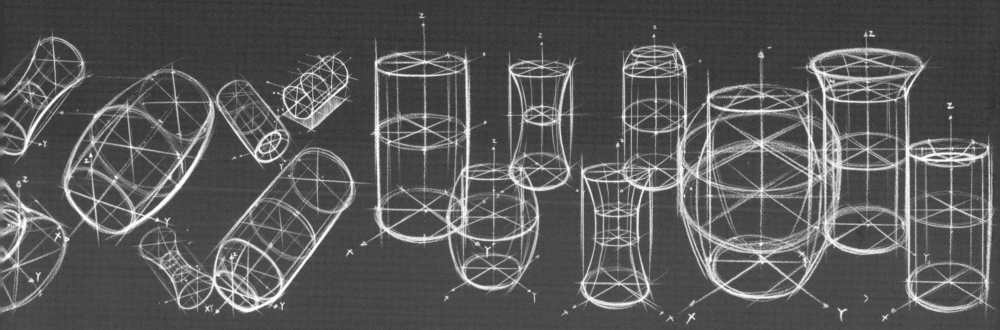

倒角是工业设计中常用的造型，圆柱则是常见的产品形态。绘制时，其本质都是表达圆或椭圆的透视变化。

三、倒角、圆柱

1. 八点画圆法

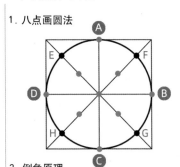

（1）先确定与圆相切的正方形；
（2）定出4边中点A、B、C、D；
（3）将对角线6等分，靠四角的点
　　略微向角靠近一点，找到点
　　E、F、G、H；
（4）将8点相连，得到接近正圆的
　　曲线。

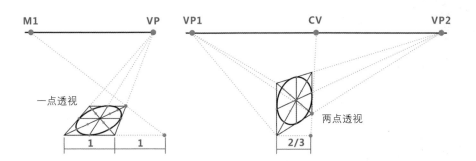

一点透视

两点透视

2. 倒角原理

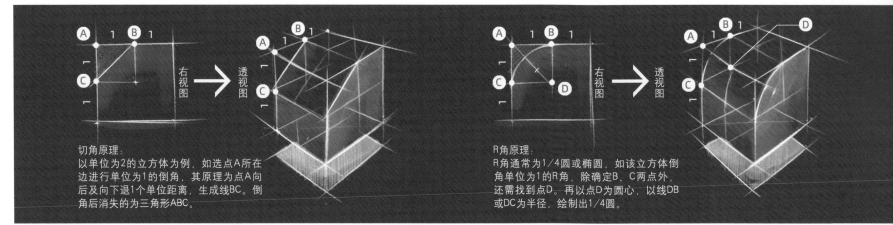

切角原理：
以单位为2的立方体为例，如选点A所在
边进行单位为1的倒角，其原理为点A向
后及向下退1个单位距离，生成线BC。倒
角后消失的为三角形ABC。

R角原理：
R角通常为1/4圆或椭圆，如该立方体倒
角单位为1的R角，除确定B、C两点外，
还需找到点D。再以点D为圆心，以线DB
或DC为半径，绘制出1/4圆。

3. R角透视拆解

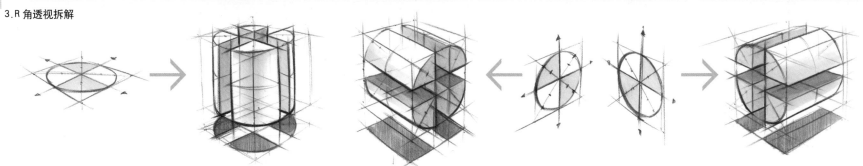

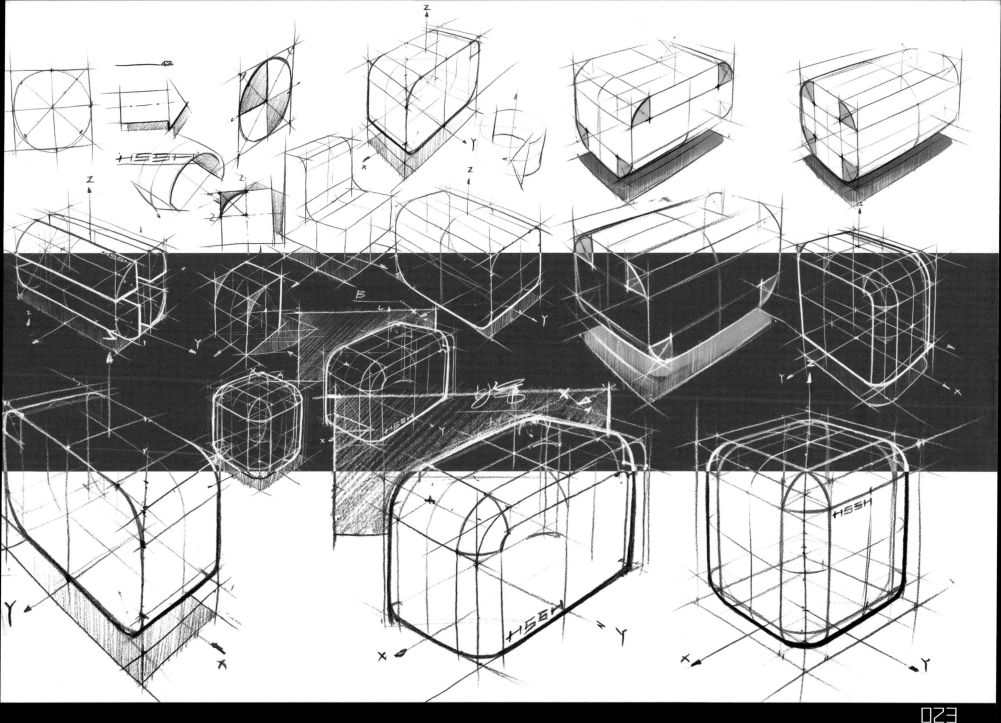

4. 圆柱上下一点透视

圆柱上下一点透视，可理解为将圆柱竖立放置于桌面，并从正前方观察的透视。首先要明确，正圆发生透视变形后，生成的结果为正椭圆；与平面上的正椭圆区别在于，因为近大远小变化，其圆心靠后。我们可以设置长轴与短轴，将正椭圆4等分。其基本变化如下：

(1) 长轴可基本保持不变，短轴的长度发生变化；
(2) 离视平线越远的横截面越无限接近正圆，其短轴越长。

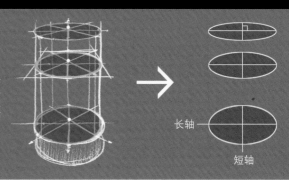

长轴

短轴

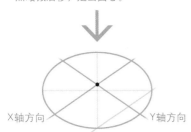

引导线

连接长短轴画出引导线，将长短轴交点略微后移，定出圆心。

X轴方向 Y轴方向

过圆心绘制与引导线平行的X轴方向直径剖面线，再旋转90°确定Y轴方向。该方法为透视快速绘制技巧，误差可忽略不计。

掌握了该透视绘制技巧后，我们可以快速进行圆柱上下一点透视绘制。

(1) 通过引导线绘制出顶面与底面的直径剖面线。

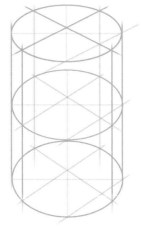

(2) 以顶面的直径剖面线为基础，绘制出整体形体及中间剖面。

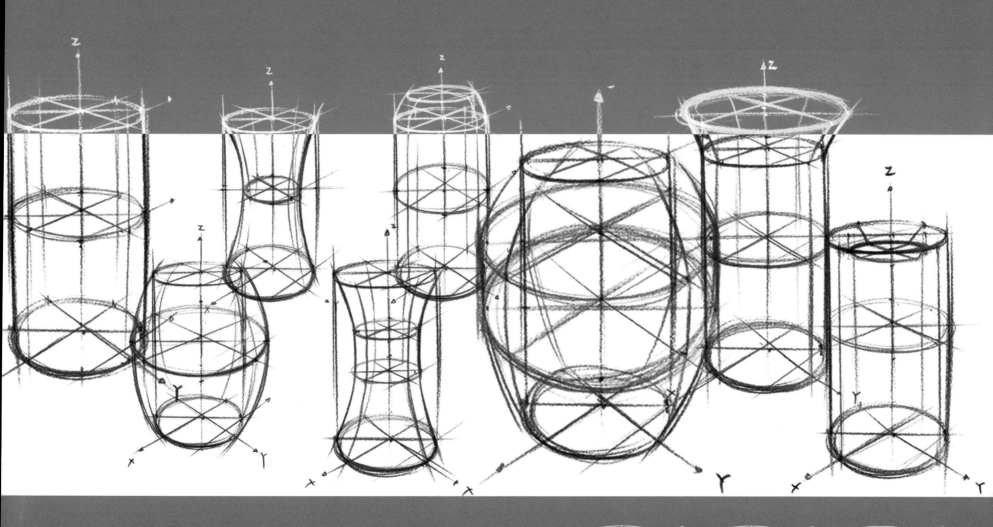

引导线

三线延长后应
相交于同一点

绘制不等大横截面

添加不等大横截面技巧

5. 圆柱左右两点透视

圆柱左右两点透视，可理解为将圆柱平放于桌面，并以两点透视的视角进行观察。其基本变化如下：
（1）长轴往后变短或可基本保持不变，短轴往后变长；
（2）不同截面的引导线，如延长会相交；
（3）短轴的方向与X轴的透视"巧合性"接近。

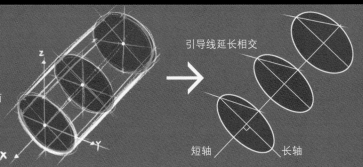

引导线延长相交

短轴　　　　长轴

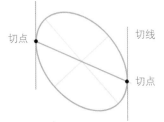

切点　　　　切线

切点

先绘制出倾斜的正椭圆，绘制竖直切线并找到与椭圆相交的切点，连接切点绘制横向直径剖面线。

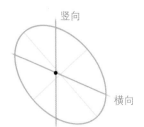

竖向

横向

圆心在长短轴交点基础上，略微靠后，绘制出竖向直径剖面线。

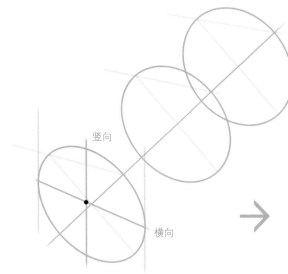

竖向

横向

（1）绘制出圆柱的3个截面后，依据左侧方法绘制出第一个横截面的横向、竖向直径剖面线。

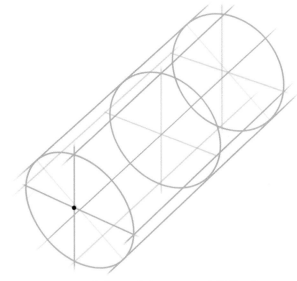

（2）以第一个横截面为基础，绘制出后方横截面的横向、竖向直径剖面线，完成圆柱绘制。

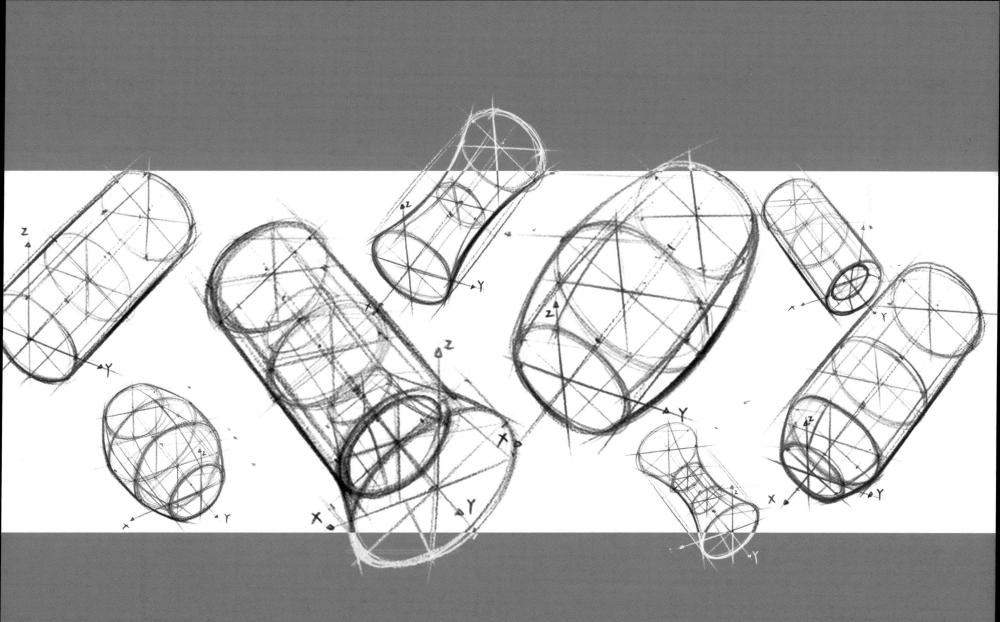

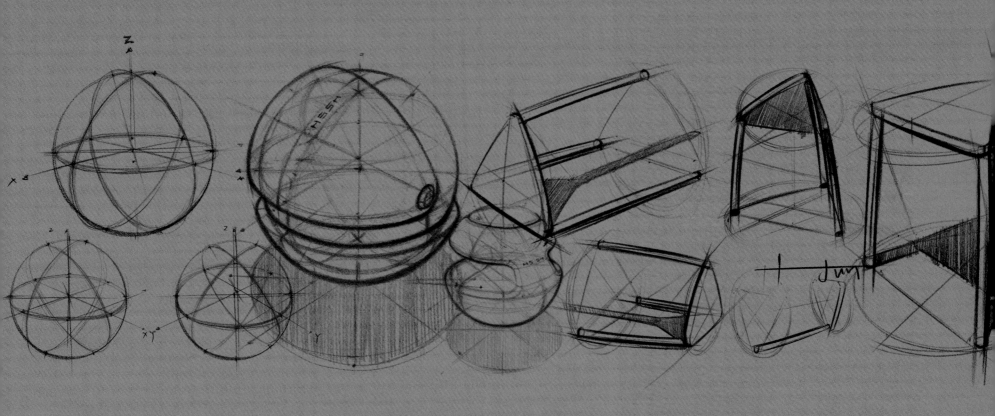

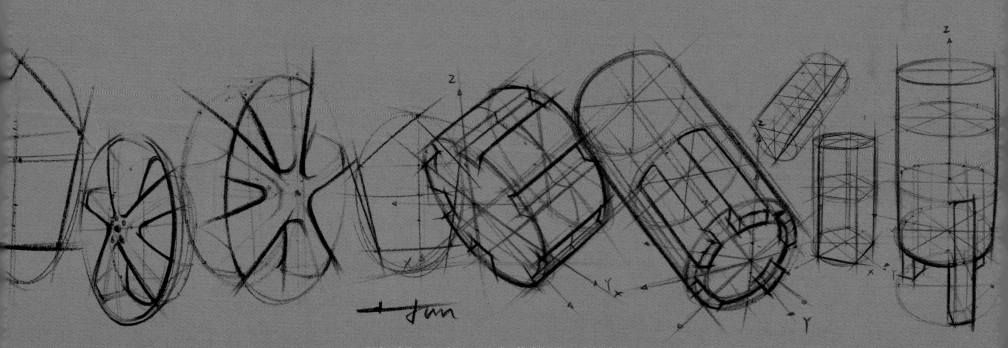

遇到正球体、正三角形、正五边形等"普通"又"特殊"的几何形态时，需要用到一些特定技巧帮助我们快速完成绘制。

四、正球体、正三角形与正五边形

1. 正球体

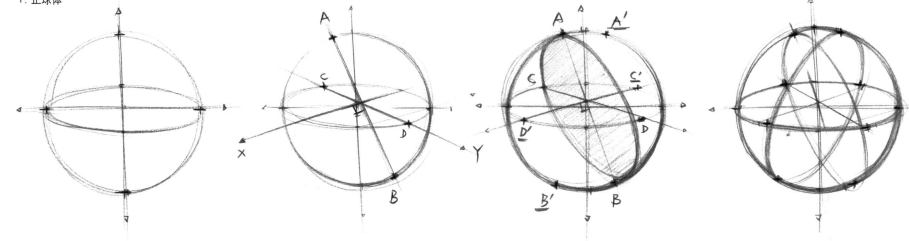

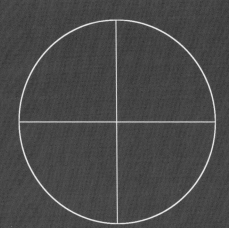

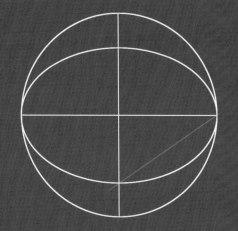

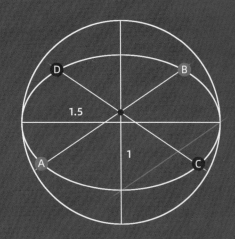

绘制步骤:
（1）绘制正圆，并绘制横竖两条直径。

（2）以横向直径为长轴，绘制正椭圆。其"长短轴比例"与"直径剖面线"的定位关系，与"圆柱上下一点透视"相同。

（3）绘制直径剖面线，求得点A、点B；镜像直径剖面线，求得点C、点D。

与Z轴垂直的正椭圆切面，如其短轴越长，说明选择的绘制角度俯视程度越高。

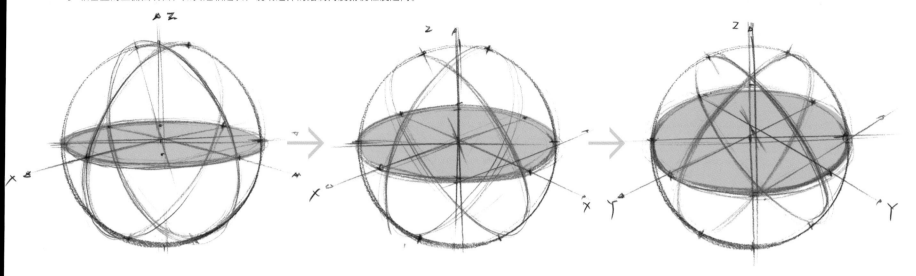

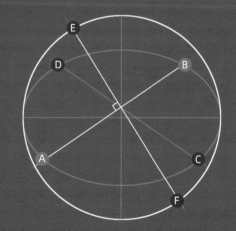

（4）选择线A—B，过圆心做垂线交正圆于点E、F。

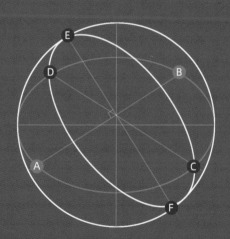

（5）以E—F为大致的长轴，并过C、D两点绘制椭圆，得到球体的第一个竖向切面。

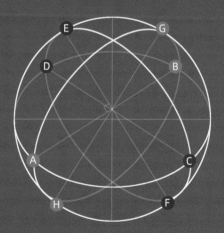

（6）镜像点E、F，得到点G、H，过点A、G、B、H绘制另一个竖向切面，完成正球体透视绘制。

2. 正三角形

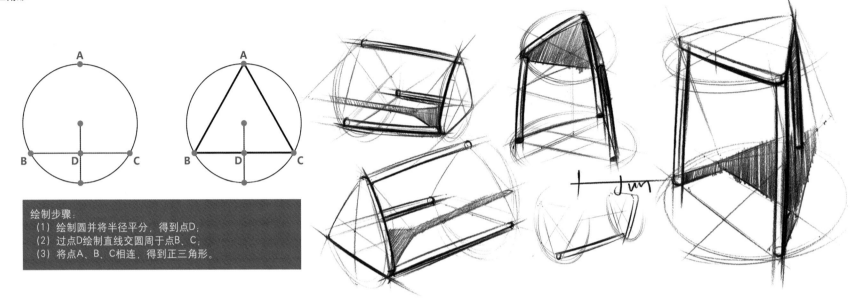

绘制步骤：
（1）绘制圆并将半径平分，得到点D；
（2）过点D绘制直线交圆周于点B、C；
（3）将点A、B、C相连，得到正三角形。

3. 正五边形

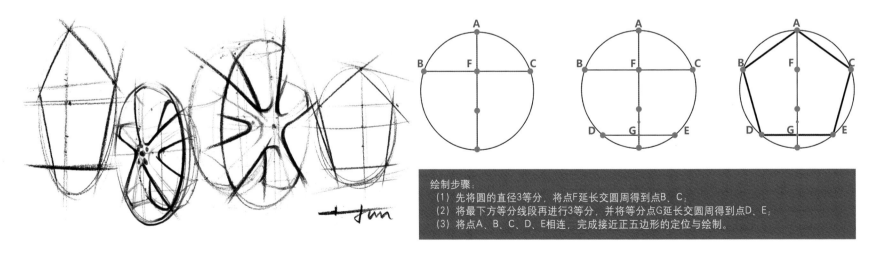

绘制步骤：
（1）先将圆的直径3等分，将点F延长交圆周得到点B、C；
（2）将最下方等分线段再进行3等分，并将等分点G延长交圆周得到点D、E；
（3）将点A、B、C、D、E相连，完成接近正五边形的定位与绘制。

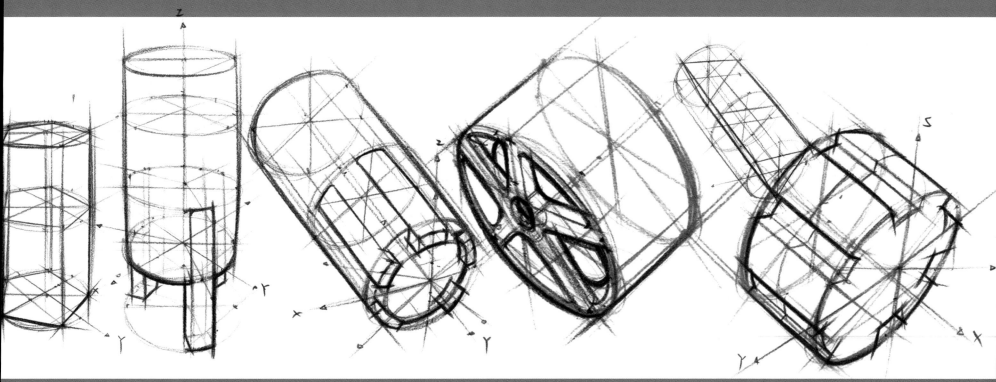

思考：如果遇到六边形或圆周上均匀分布的六个点，该如何定位？

五、透视、比例控制

1.线、面、体空间拓展

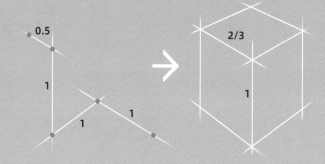

假定需要绘制左侧的线，我们可以将其归入立方体正前方45°视角透视，以立方体透视为基础，拓展出不同的空间变化。

(1)线的空间拓展

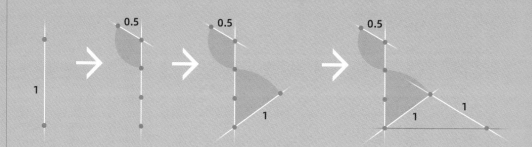

绘制一条竖线，设定高度为单位1，将其3等分。在变线上取1/3长度，即可得到长度单位为0.5的变线。

继续绘制底部右侧变线，取真高线2/3长度，即可得到与真高线长度相等的变线。

从底部变线尾部端点继续绘制透视线，从真高线底部端点拉水平线交变线，继续得到单位为1的变线。

(2)面的空间拓展

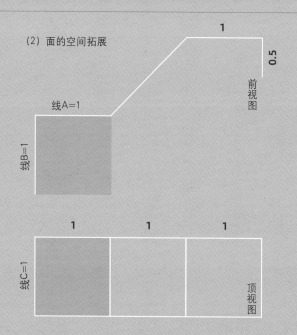

最下方两个面，实质为一个立方体的顶面与左侧面，整体比例为三个立方体的堆叠，我们可以以此为基础进行空间拓展。

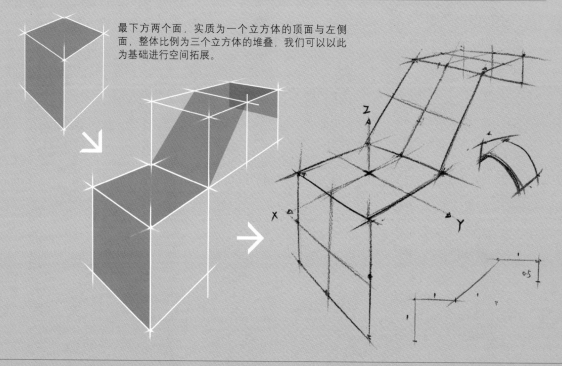

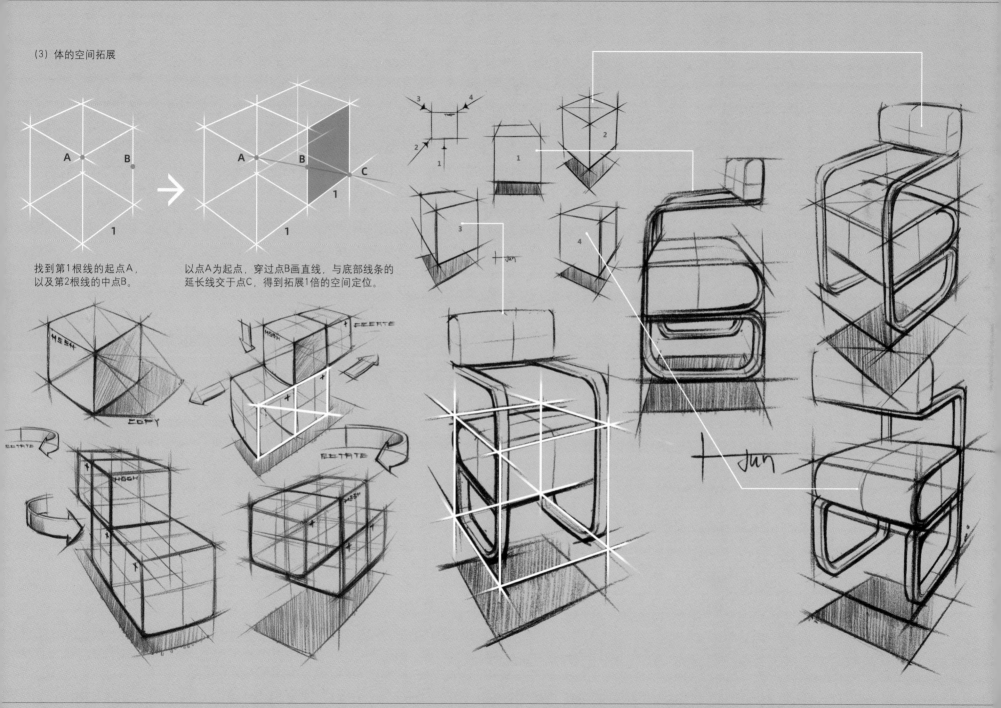

（3）体的空间拓展

找到第1根线的起点A，
以及第2根线的中点B。

以点A为起点，穿过点B画直线，与底部线条的
延长线交于点C，得到拓展1倍的空间定位。

2. 空间位移

在了解了线、面、体的空间拓展后，我们对单个形体或者形体本身的空间拓展有了大致的了解。以此为基础，再进行一些形体的空间位移训练，有助于我们进一步提升空间拓展能力与透视控制能力。

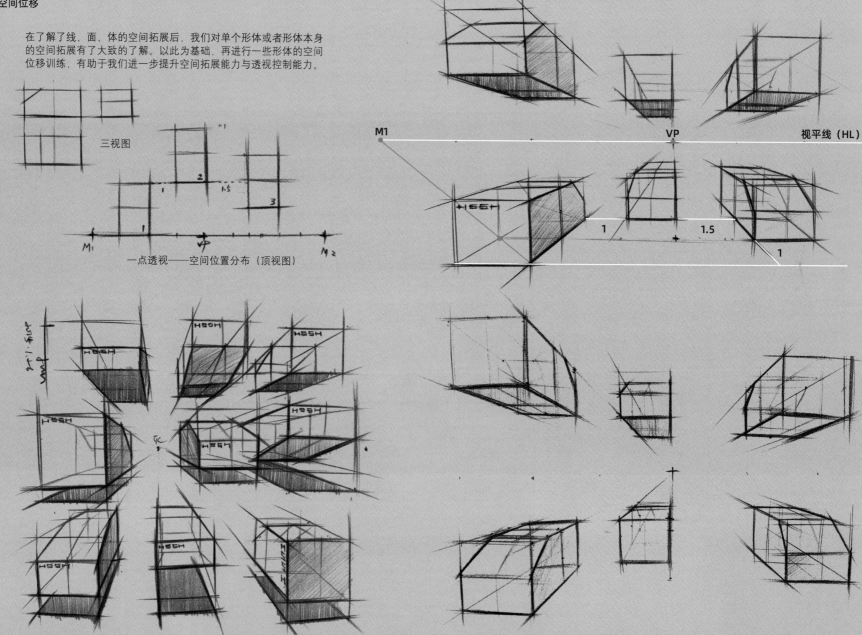

三视图

一点透视——空间位置分布（顶视图）

M1   VP   视平线（HL）

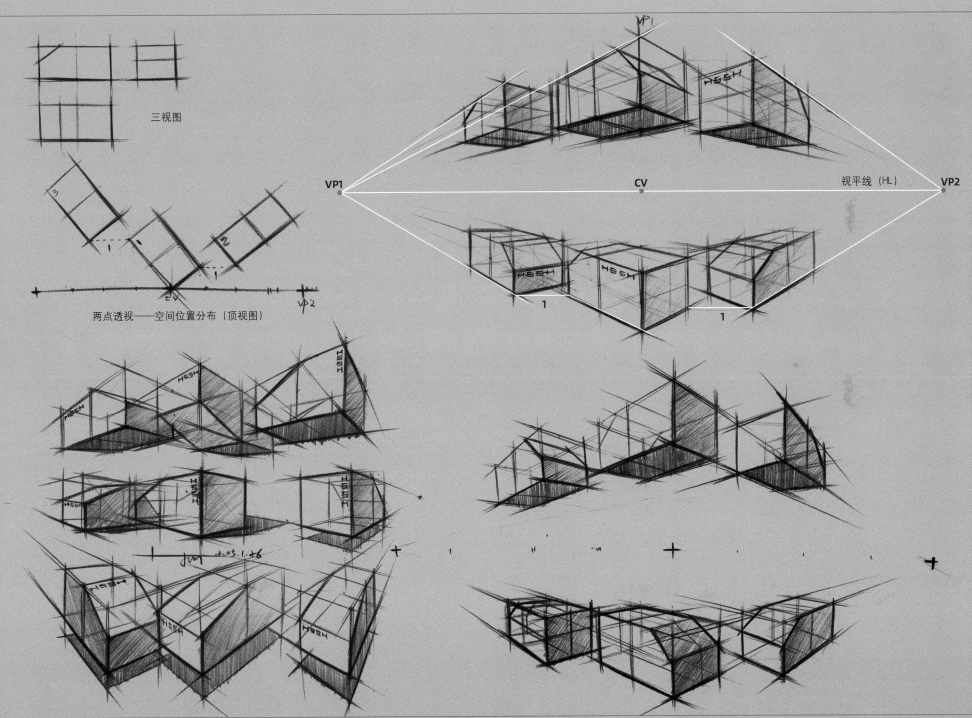

三视图

两点透视——空间位置分布（顶视图）

VP1 CV 视平线（HL） VP2

3. 圆柱比例控制

假定圆柱直径为单位1，高度为单位1。绘制时，除了横截面椭圆透视变化，其直径与高度比例如何控制？

圆柱上下一点透视比例控制：

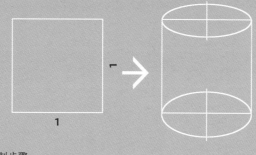

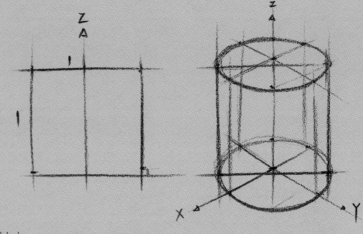

绘制步骤：
(1) 绘制1个正方形。

(2) 以上、下边为长轴，绘制上小下大的椭圆，以此为基础，再完善直径剖面线等内容。

4. 曲线（曲面）比例控制

在进行设计或绘图工作时，除基本几何形体外，我们还会遇到曲线、曲面等随机性或有机形态。这一类形态，通常采用绘制外框辅助线的方法。先在框中定位曲线关键节点来绘制曲线，再通过曲线来完成曲面形态的绘制。

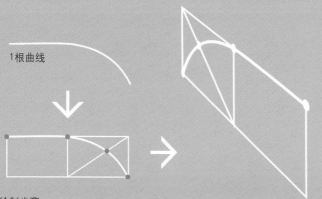

1根曲线

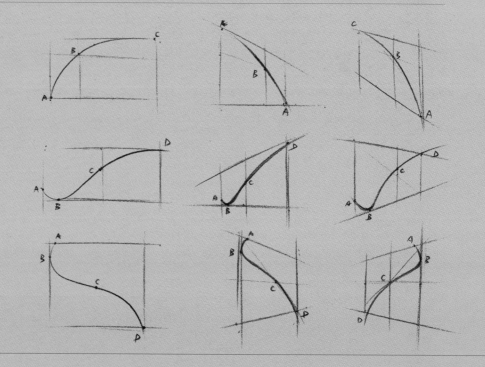

绘制步骤：
(1) 为曲线添加外框辅助线，定出曲线的关键节点。

(2) 绘制外框的透视，并定出曲线关键节点在透视中的位置，相连后完成曲线绘制。

圆柱左右两点透视比例控制:

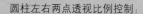略大于2/3

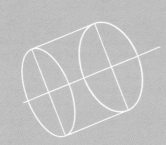

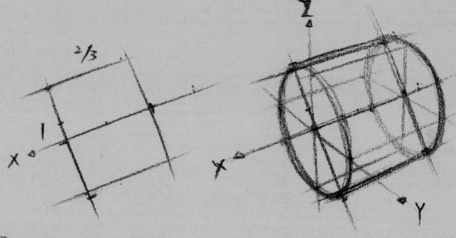

绘制步骤:
(1) 斜向绘制1个长为单位1,
宽略大于长2/3的矩形。

(2) 以长边为长轴,绘制前小后大的椭
圆,以此为基础,再完善直径剖面
线等内容。

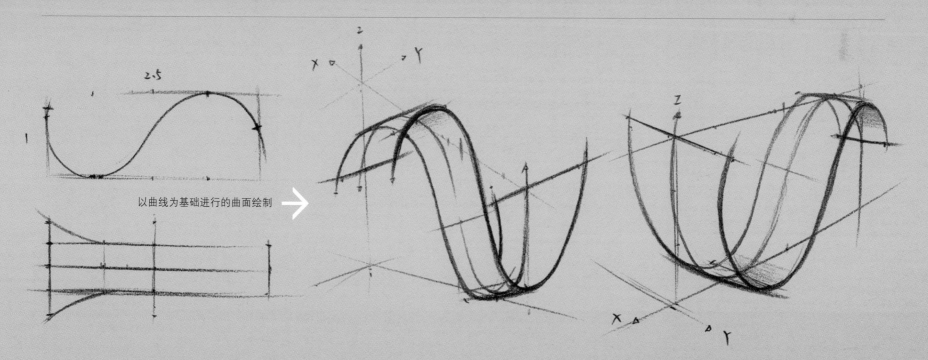

以曲线为基础进行的曲面绘制

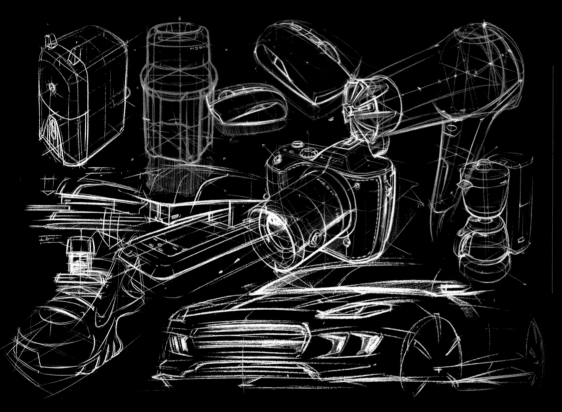

我们面对的产品形态纷乱繁杂且千变万化，但仔细分析其本质并归类后，会发现有与三维软件建模相同的规律可以遵循。所以，在设计手绘中借鉴三维软件建模的思路和技巧，可以帮助我们科学且高效地进行形态分析与线稿绘制。

第二章 线稿思维与技法

第一节 线稿基础

一、重新认识线条

1. 线条并不存在

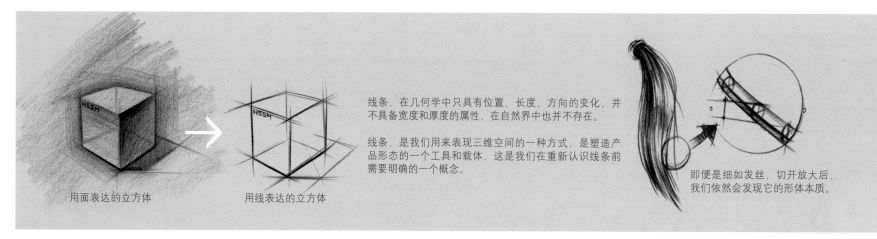

用面表达的立方体   用线表达的立方体

线条，在几何学中只具有位置、长度、方向的变化，并不具备宽度和厚度的属性，在自然界中也并不存在。

线条，是我们用来表现三维空间的一种方式，是塑造产品形态的一个工具和载体，这是我们在重新认识线条前需要明确的一个概念。

即便是细如发丝，切开放大后，我们依然会发现它的形体本质。

2. 线从哪里来到哪里去

既然线条不存在，那它从哪里来？又到哪里去？
在工业设计手绘中，线是点与面的承接。先确定点，后绘制线，再生成面，最后形成体。

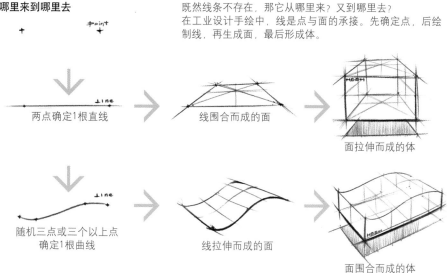

两点确定1根直线

线围合而成的面

面拉伸而成的体

随机三点或三个以上点确定1根曲线

线拉伸而成的面

面围合而成的体

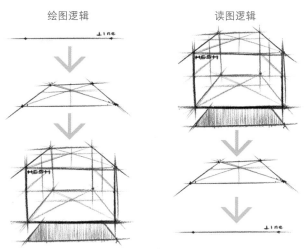

绘图逻辑   读图逻辑

设计手绘是用来交流的工具，而绘图者的逻辑与读图者的逻辑刚好相反，意味着设计手绘线稿除表达准确外，还需站在读图者的角度设定好视觉流程。

如何设定视觉流程？这其中有哪些规律可以遵循？我们先观察下面的分析图。

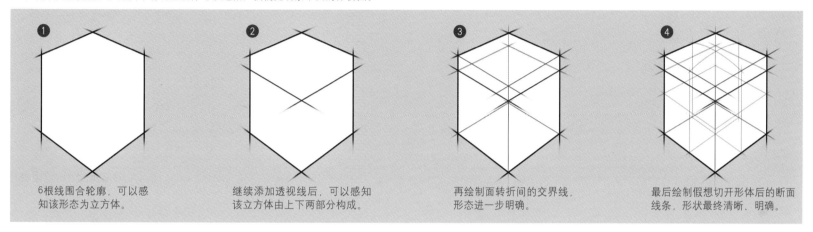

❶ 6根线围合轮廓，可以感知该形态为立方体。

❷ 继续添加透视线后，可以感知该立方体由上下两部分构成。

❸ 再绘制面转折间的交界线，形态进一步明确。

❹ 最后绘制假想切开形体后的断面线条，形状最终清晰、明确。

通过上述分析，我们可能已经大致感受到，线条在表达产品形态时，因绘制的内容及意义不同，要对其属性有所区分，而不能一概而论。

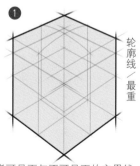

❶

轮廓线／最重

指可见面与不可见面的交界线，包括整体外轮廓与局部轮廓线。属于接收产品形态最重要的第一层级，绘制时应最重。

❷

分型线／较重

指产品不同组件之间的分界线，用于阐述产品由哪些部件构成。属于读图者在了解了整体形态后，继续读取信息的第二层级。

❸

结构线／适中

指两个可见面或两个不可见面之间产生的交界线，可见的应略重，不可见的应略轻，但整体属于读取信息的第三层级。

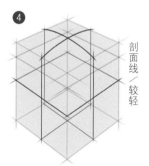

❹

剖面线／较轻

指假想将物体切开而形成的断面线，非真实存在。用于进一步阐述清晰形态（如上图顶部的弧面），属于读取信息的第四层级。

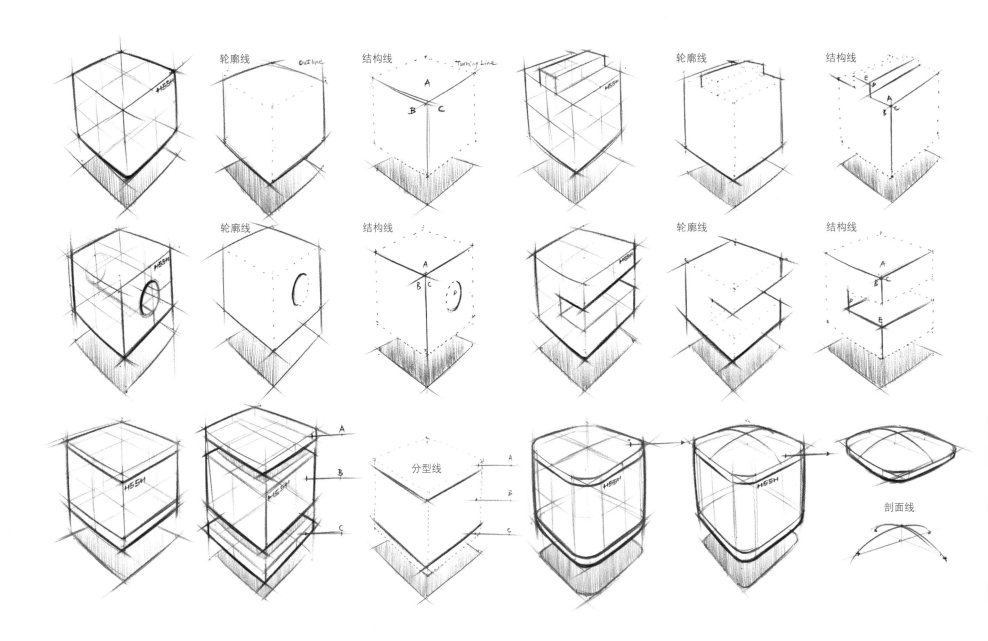

轮廓线　Outline　结构线　Turning Line

轮廓线　结构线

轮廓线　结构线

轮廓线　结构线

分型线

剖面线

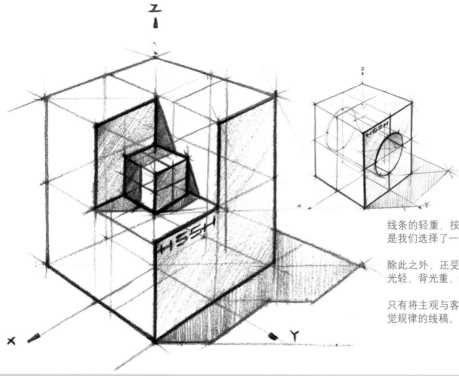

线条的轻重，按属性由重到轻依次为轮廓线、分型线、结构线、剖面线，这是我们选择了一个视角进行表达时，产品形态本身的主观属性。

除此之外，还受明暗、远近所产生的客观因素影响。如，同为轮廓线，但受光轻、背光重，远处轻、近处重。

只有将主观与客观相结合，才能真正绘制出既有序、有条理，又符合客观视觉规律的线稿。

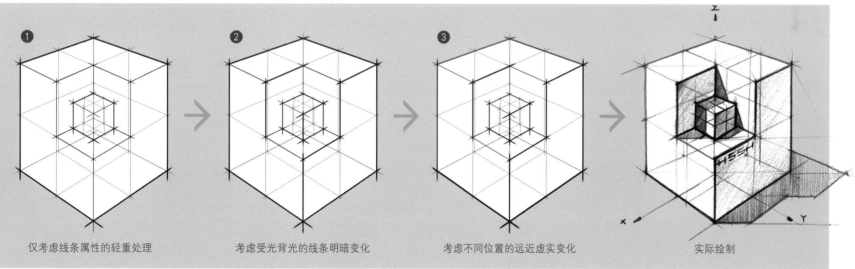

① 仅考虑线条属性的轻重处理

② 考虑受光背光的线条明暗变化

③ 考虑不同位置的远近虚实变化

实际绘制

5.投影画法

投影，依据光源角度与周边环境，其投射的方式多种多样，掌握好透视原理后，再复杂的投影其实也不难分析。
但我们需要明确的是，在工业设计手绘中投影"不重要"，其最大的作用是塑造产品与空间的关系。所以，在很多时候我们会选择最简单的投影，甚至是并不完全符合正确透视关系的投影。

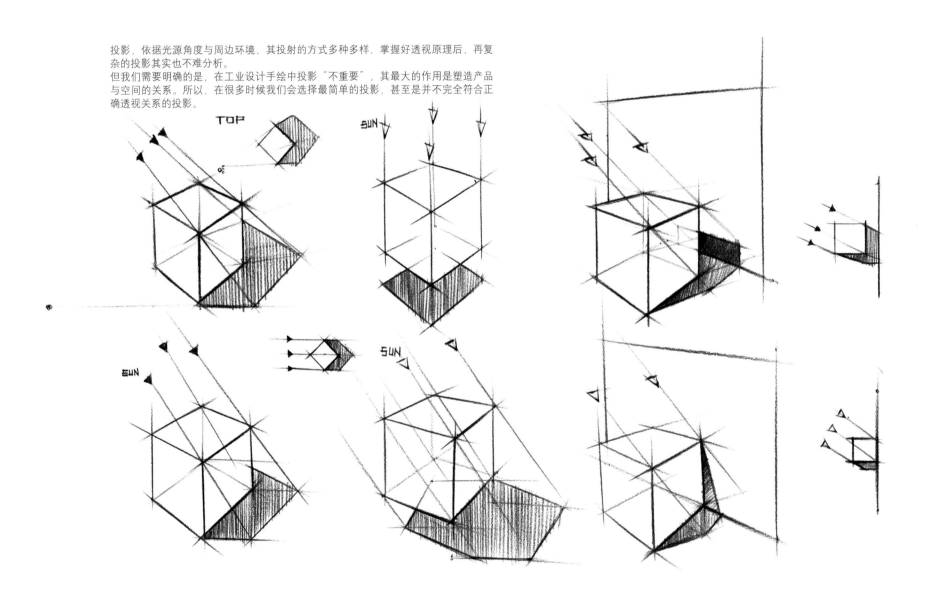

在投影范围确定后，更重要的是投影面的绘制。对于初学者，建议采用竖向的线条进行排线。排线既不能太密，也不能太稀，更不能"缺角"。
此外，如果准备对投影面进行马克笔上色，可以只画出边缘线，不进行彩铅排线。

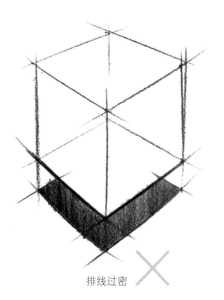

排线过密 ✕

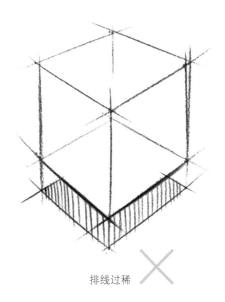

排线过稀 ✕

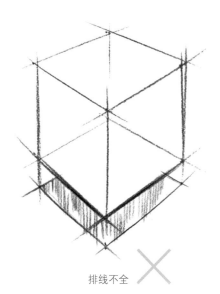

排线不全 ✕

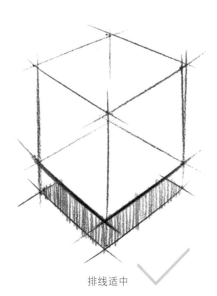

排线适中 ✓

二、线稿思维分类

线稿的绘制，其本质其实与三维软件建模无异，都是在一个载体上构建虚拟空间。只是，其载体一个在二维平面，一个在三维窗口。

如果借助三维软件建模的思维，即使再变幻无穷，绝大多数产品形态的绘制方法都可以归入"体建模"或"线建模"的创建思路。

1. 体建模

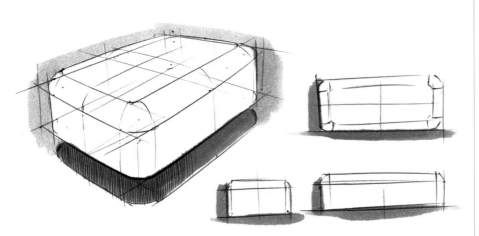

适用于基本形态由几何形体加减、组合、交接、穿插所生成的产品。

2. 线建模

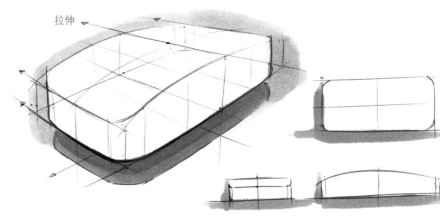

拉伸

适用于基本形态由1个横截面拉伸而成的产品。

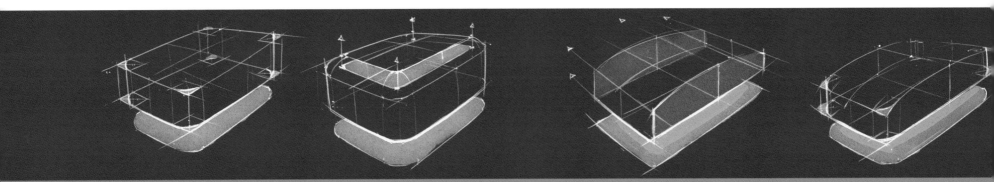

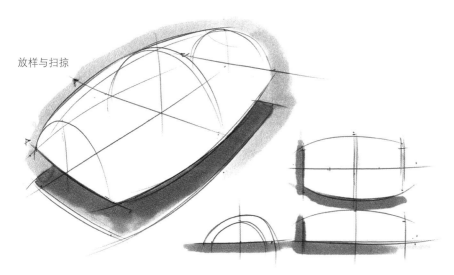

放样与扫掠

适用于基本形态由多个"不交叉"横截面生成的产品。

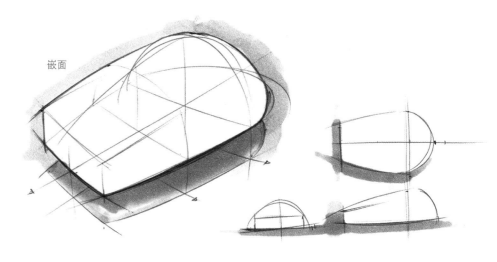

嵌面

适用于基本形态由多个"交叉"横截面生成的产品。

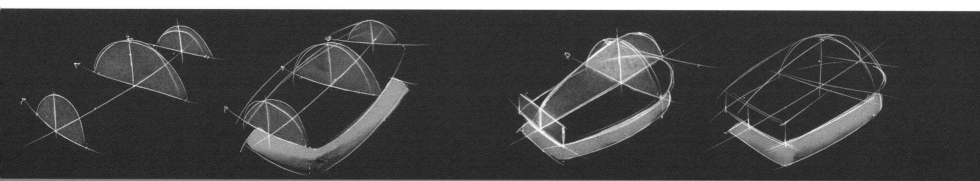

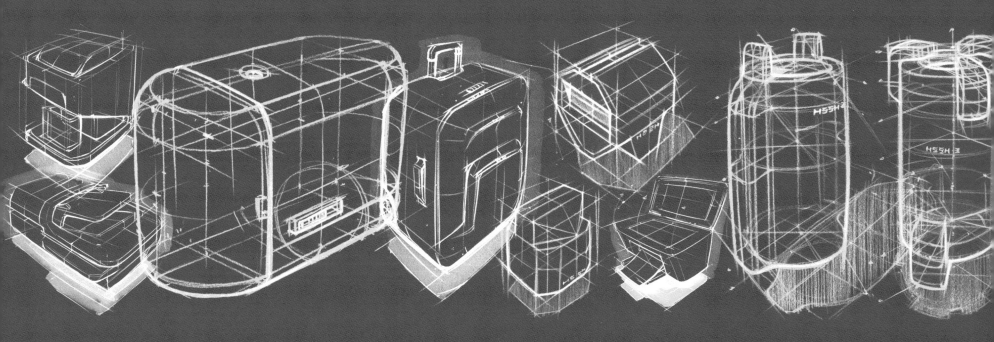

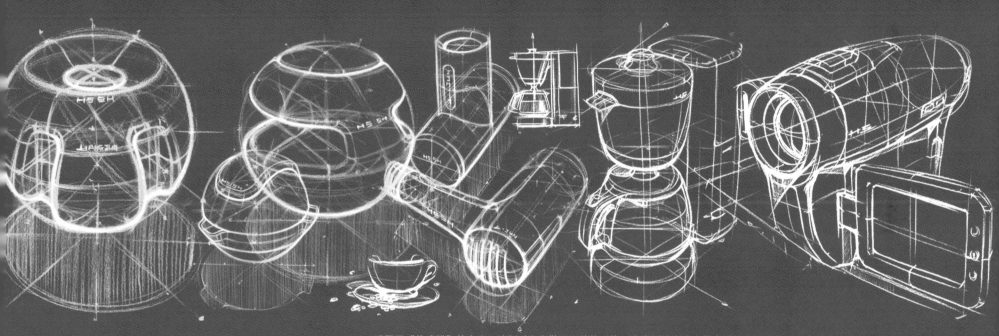

适用于"体建模"的产品，绘制时应先抛开细节的干扰，在分析并表达出最本质的几何形体后，再逐步完善产品细节。

一、立（长）方体加减

产品的主体形态是立方体或长方体时，在绘制时可先以立方体透视为基础，
快速确定透视关系后，再进行形体拓展、加减等深入刻画与塑造工作。

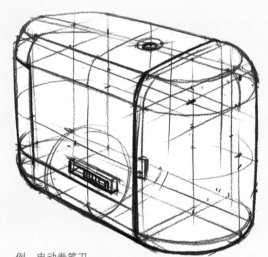

例：电动卷笔刀
尺寸：中部主体部分尺寸单位为宽1、高1.2、长1.5；
　　　左右两端为半径0.5的半圆柱体。

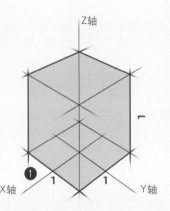

以正前方45°视角为基础，
快速确定立方体基本透视关
系，以及X轴、Y轴、Z轴。

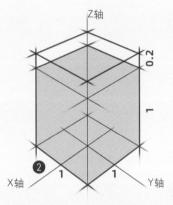

往Z轴方向增加1/5高度，
得到高为1.2的长方体。

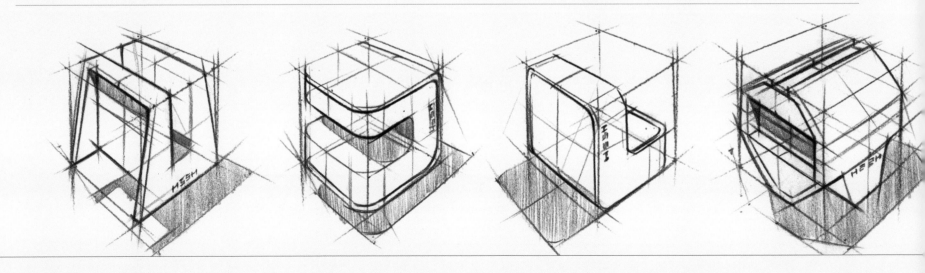

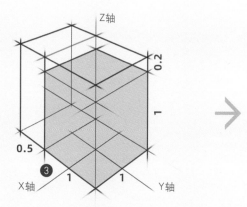

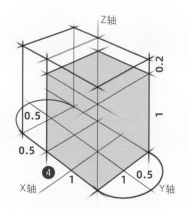

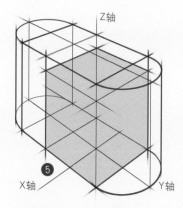

Y轴向内增加1/2长度,得到长
为1.5,高为1.2的长方体。

在Y轴上前后各拓展0.5长度作
为半径,并绘制出底面半圆。

继续绘制顶面半圆并生成
基本形体,以此为基础再
进行深入刻画与塑造。

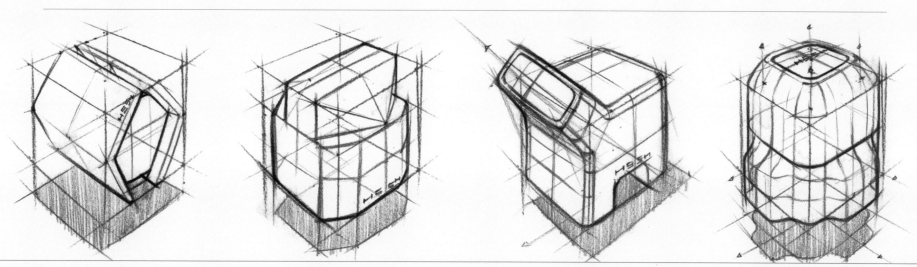

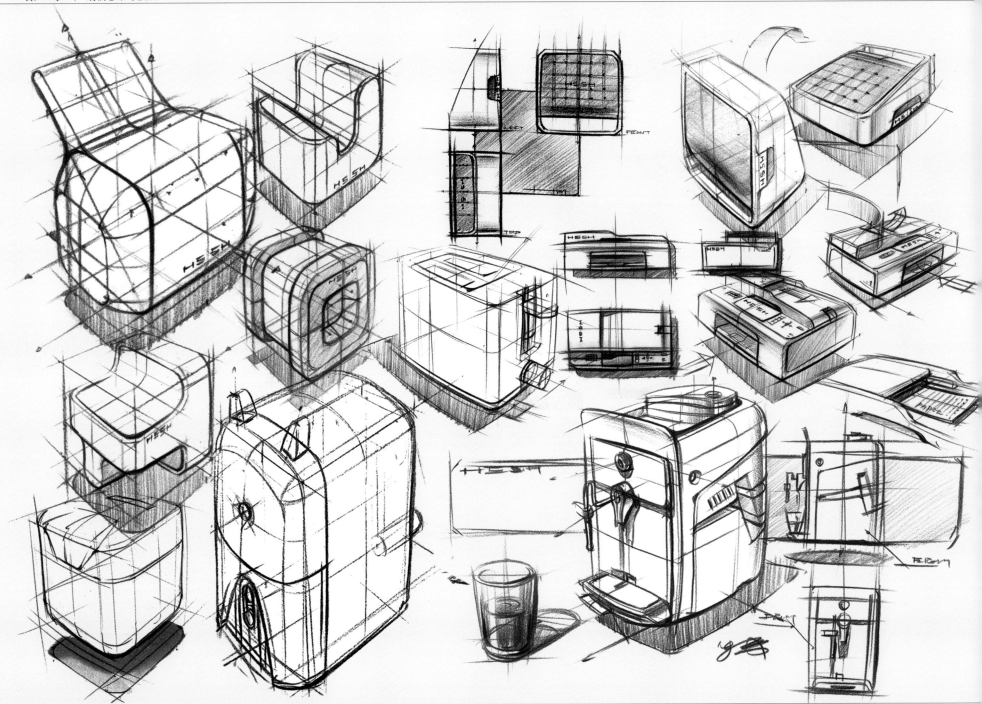

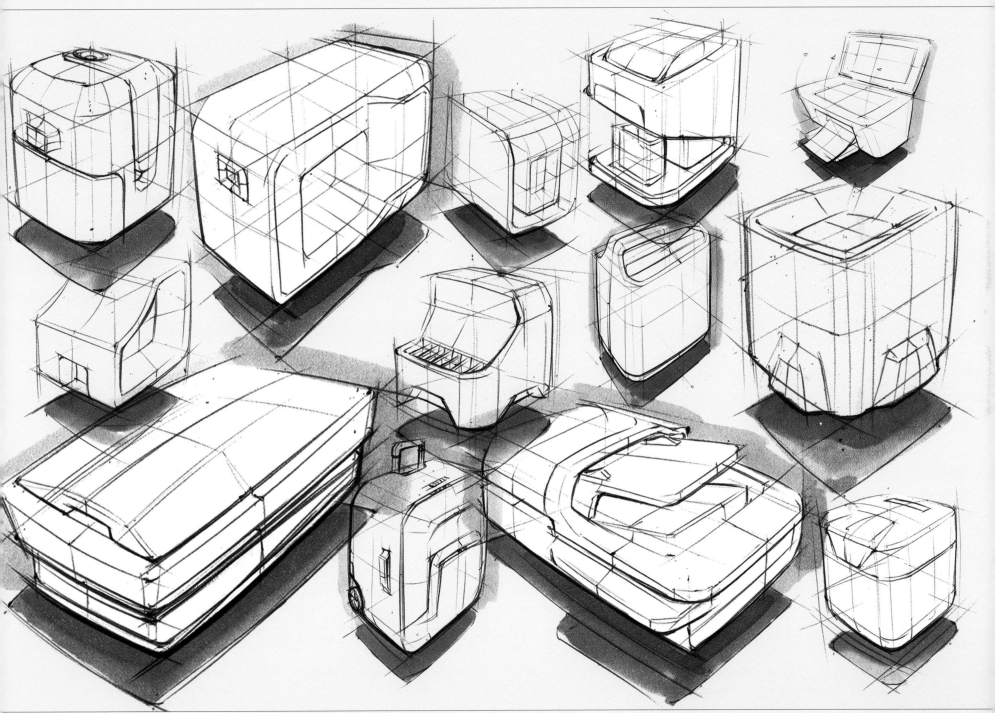

二、圆柱体加减

产品的主体形态是圆柱体时,在绘制时以圆柱上下一点透视或左右两点透视为基础,快速确定透视关系,再进行形态拓展、加减等工作。

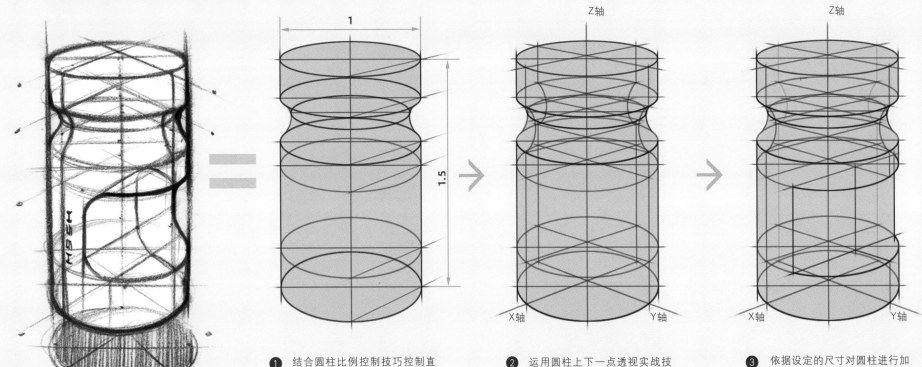

例:某药瓶基本形态
尺寸:直径约为单位1;
高约为单位1.5。

❶ 结合圆柱比例控制技巧控制直径与高的比例,借助长短轴绘制顶面与底面椭圆,再借助引导线绘制中间等大或不等大横截面。

❷ 运用圆柱上下一点透视实战技巧,确定顶面直径剖面线的位置后,先绘制等大圆的直径剖面线及侧面剖面线,最后绘制不等大圆剖面。

❸ 依据设定的尺寸对圆柱进行加减。如,本案例的减掉部分为沿Y轴向里减去直径1/4长度。

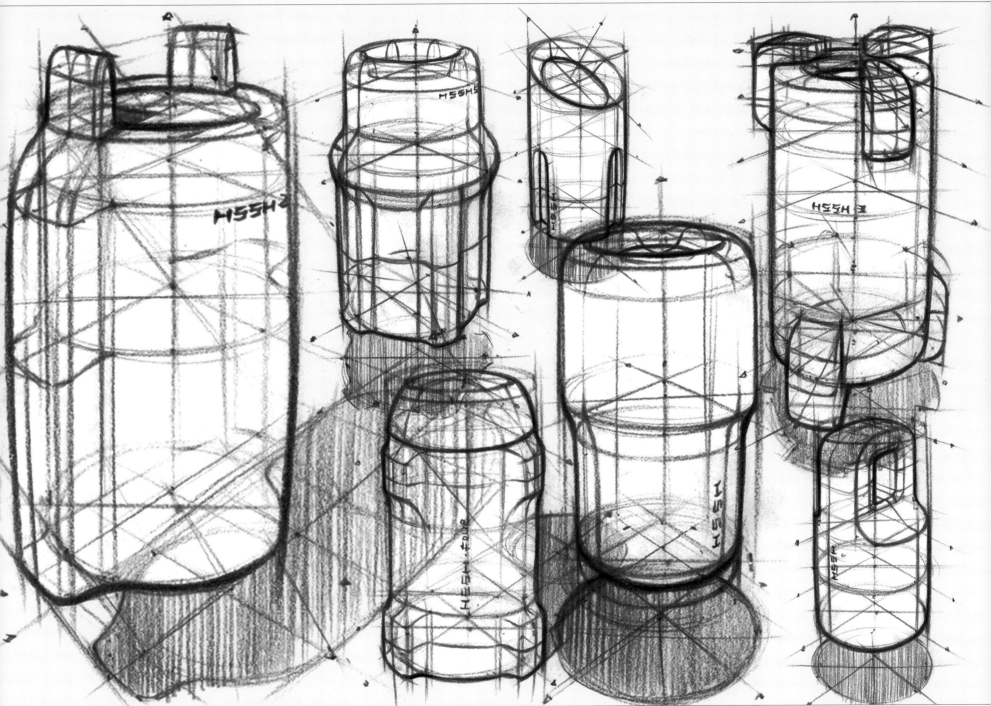

057

三、正球体加减

产品的主体形态是正球体时,在绘制时以正球体透视实战技巧为基础,
快速绘制出横向切面及两个竖向切面,再进行形态拓展、加减等工作。

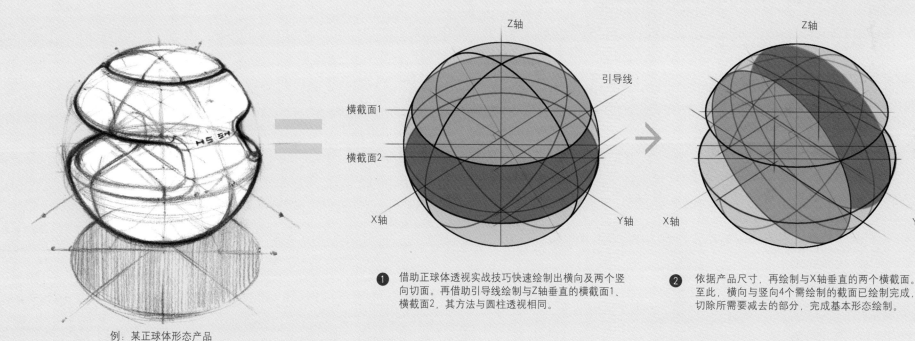

例:某正球体形态产品

① 借助正球体透视实战技巧快速绘制出横向及两个竖
向切面。再借助引导线绘制与Z轴垂直的横截面1、
横截面2,其方法与圆柱透视相同。

② 依据产品尺寸,再绘制与X轴垂直的两个横截面。
至此,横向与竖向4个需绘制的截面已绘制完成,
切除所需要减去的部分,完成基本形态绘制。

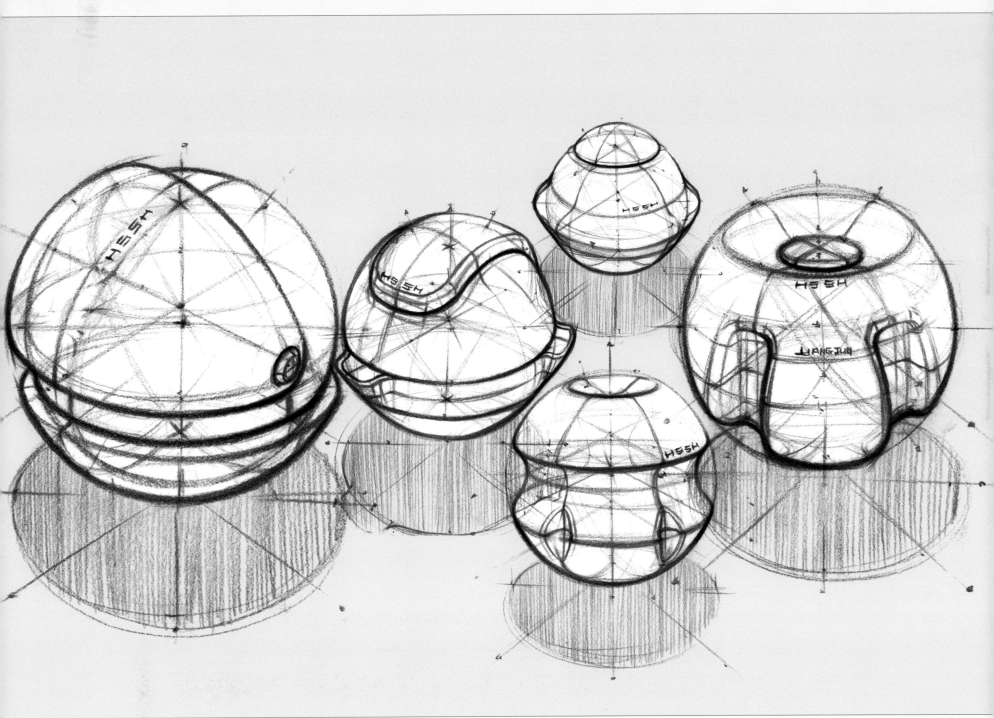

四、几何形体穿插、组合

面对几何形体穿插与组合的产品形态，最容易出现以下问题：
（1）组合后，各个几何形体不在同一透视中；
（2）几何形体相交处的分析不清晰，导致表达不够精准。

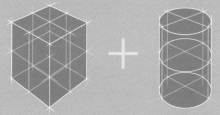

例1：立（长）方体 + 圆柱上下一点透视组合

❶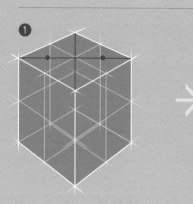

选择进行相加的基准面，绘制
横向对角线作为长轴。在长轴
上确定相加圆柱的直径宽度与
位置，再过圆心绘制竖直线。

❷ 引导线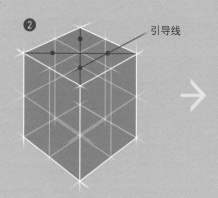

过长轴绘制透视线作为引导线，
交竖直线确定出短轴下方长度，
再等距定出上方长度。

❸ 引导线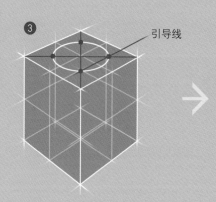

过长短轴绘制正椭圆，完成相
交圆的绘制。

❹

借助圆柱上下一点透视及圆柱
比例控制实战技巧，完成圆柱
体透视与尺寸的绘制。

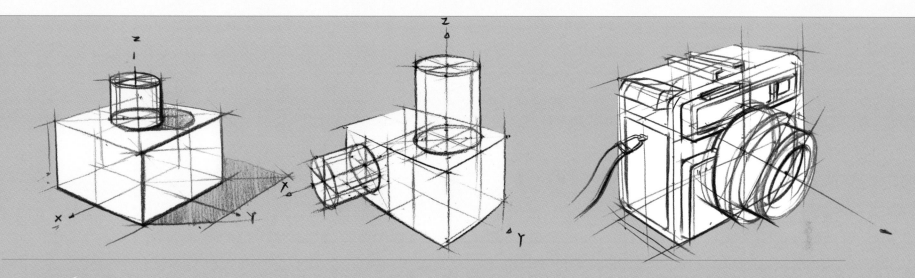

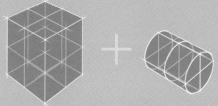

例2：立（长）方体 + 圆柱左右两点透视组合

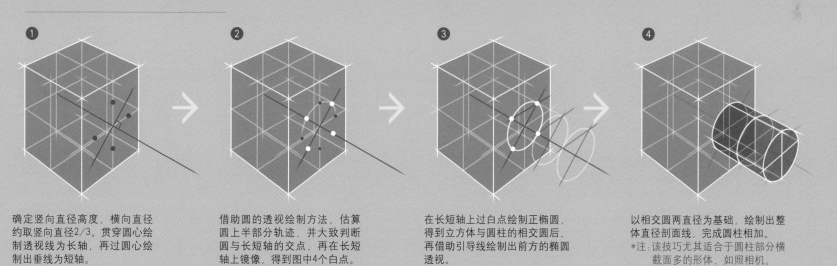

① 确定竖向直径高度，横向直径约取竖向直径2/3。贯穿圆心绘制透视线为长轴，再过圆心绘制出垂线为短轴。

② 借助圆的透视绘制方法，估算圆上半部分轨迹，并大致判断圆与长短轴的交点，再在长短轴上镜像，得到图中4个白点。

③ 在长短轴上过白点绘制正椭圆，得到立方体与圆柱的相交圆后，再借助引导线绘制出前方的椭圆透视。

④ 以相交圆两直径为基础，绘制出整体直径剖面线，完成圆柱相加。

*注：该技巧尤其适合于圆柱部分横截面多的形体，如照相机。

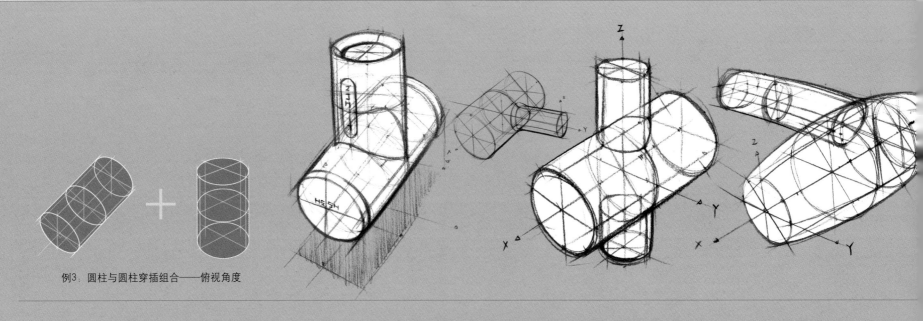

例3：圆柱与圆柱穿插组合——俯视角度

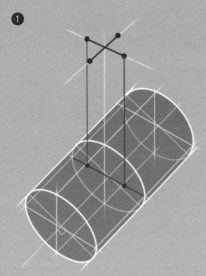

在被穿插位置先添加横截面圆，并借助圆的直径确定出穿插圆柱的直径与高度，再在顶部绘制出穿插圆柱的两条直径。

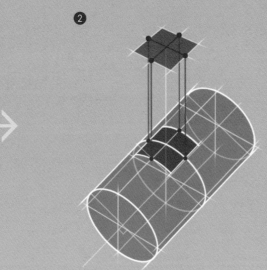

以顶部的直径为基础，绘制圆所在的正方形，并将该正方形投影至下方的圆柱上。

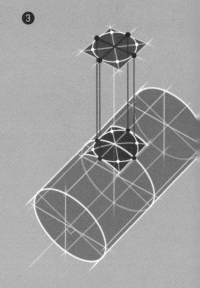

采用8点画圆法，先绘制顶部正圆，再将该圆向下投影出穿插处的相交线。

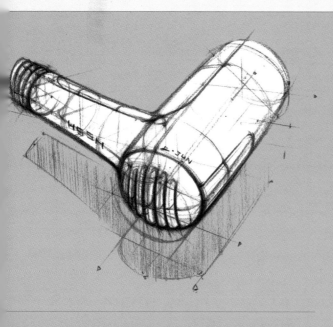

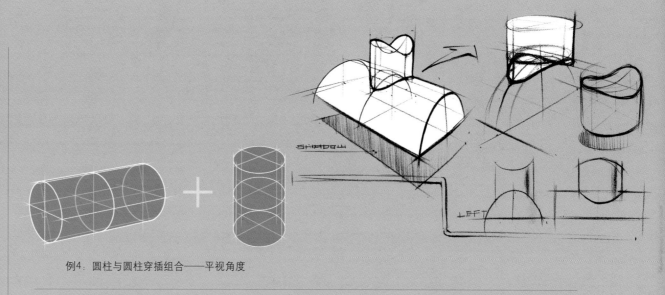

例4：圆柱与圆柱穿插组合——平视角度

④

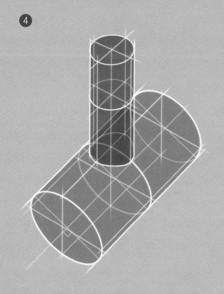

添加穿插圆柱的轮廓线及中间剖面，完成绘制。

①

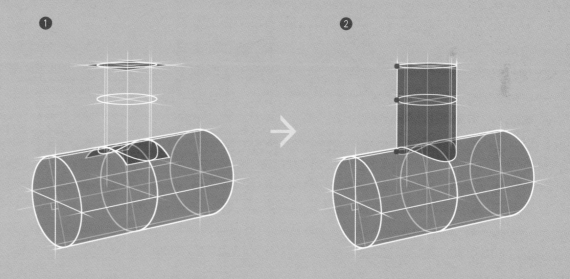

在接近平视的情况下，相交线所在的投影面，可能会出现有一部分在背面的情况，从而导致相交线前后叠加成∞形。

②

穿插圆柱的横截面及相交线确定后，连接外轮廓线完成绘制。如连接时发现横截面与相交线的最外边缘不在同一直线上，则说明透视存在问题。

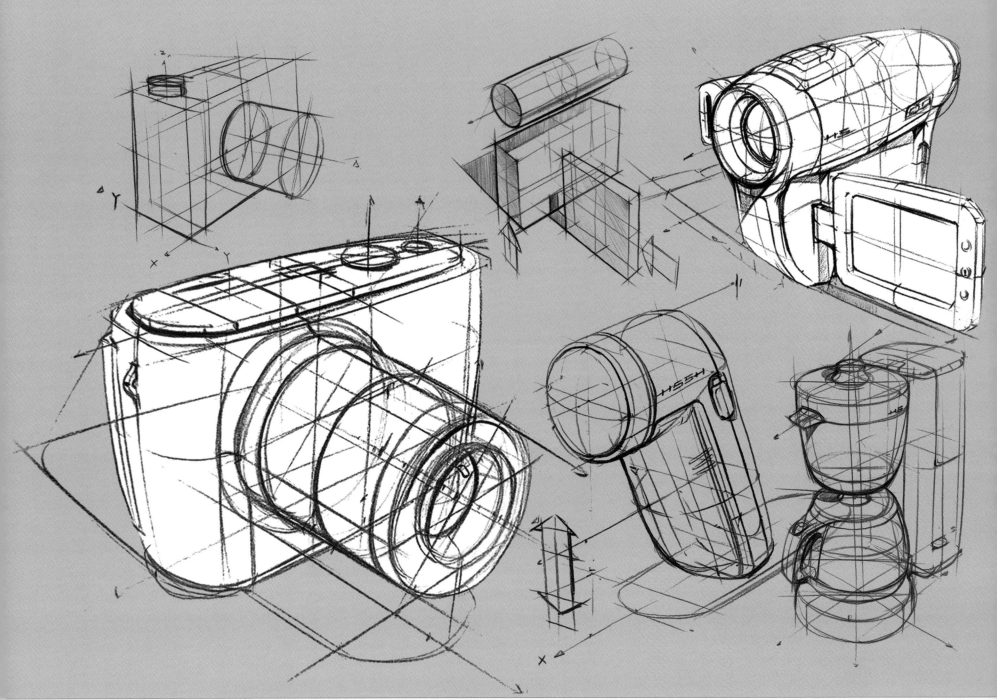

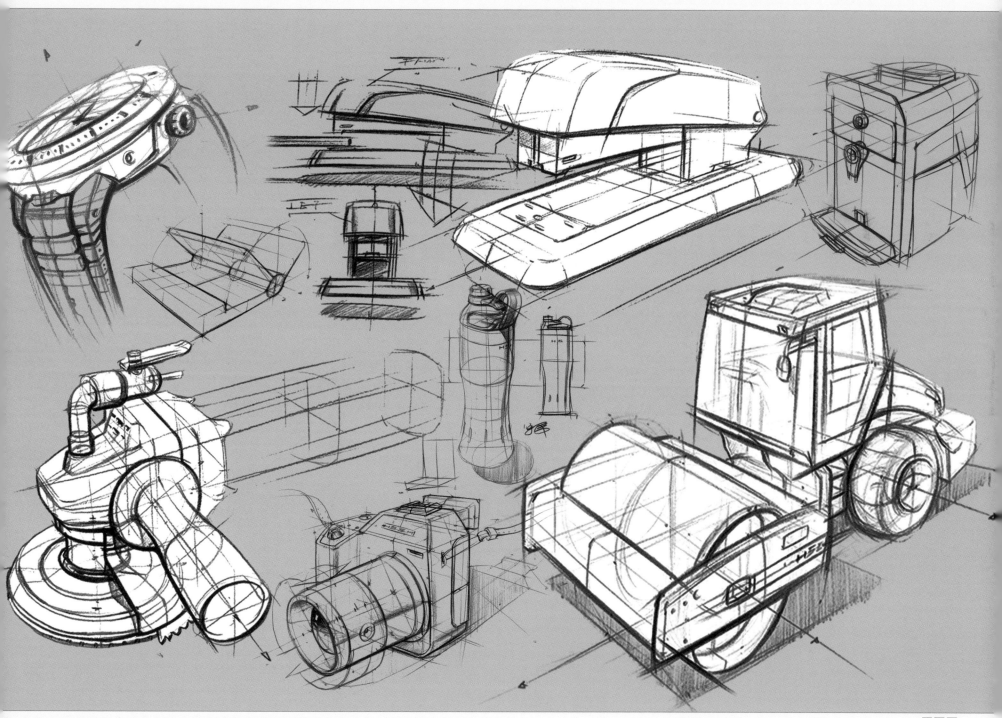

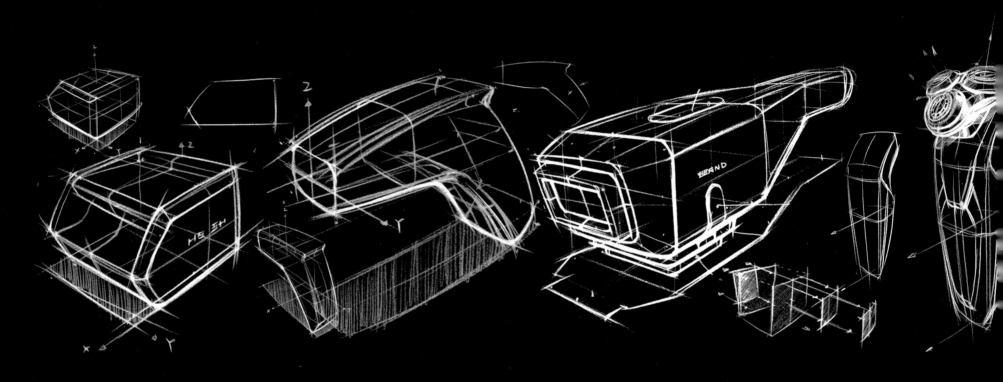

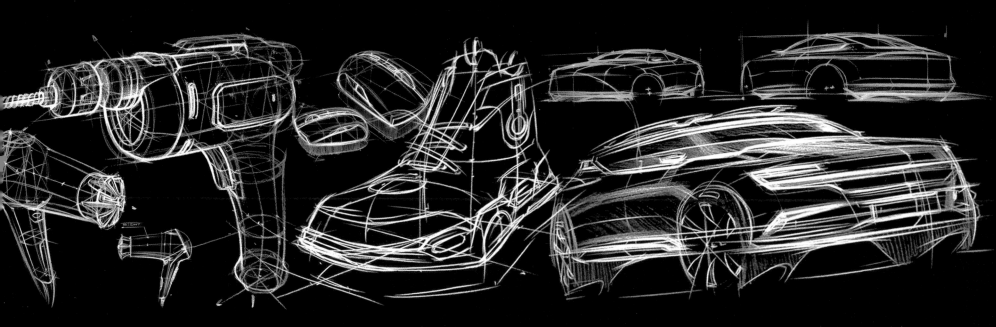

适用于"线建模"的产品，绘制时应先判断其"建模"方式与类型，再迅速分析构成该产品形体的截面或关键线。

一、拉伸建模

该类产品的主要形态变化集中在某一个视角，并可以通过横截面的厚度拉伸得到基本形。绘制时要注意横截面在透视空间中的准确度，以及拉伸的尺寸比例与透视方向把握。

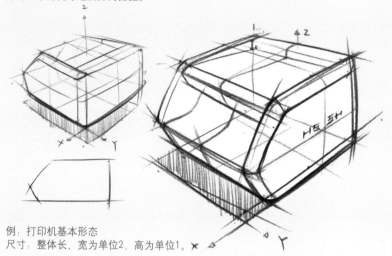

例：打印机基本形态
尺寸：整体长、宽为单位2，高为单位1。

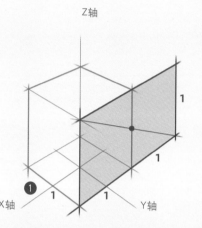

以正前方45°视角为基本透视，运用空间拓展技巧将右立面往后延伸单位1。

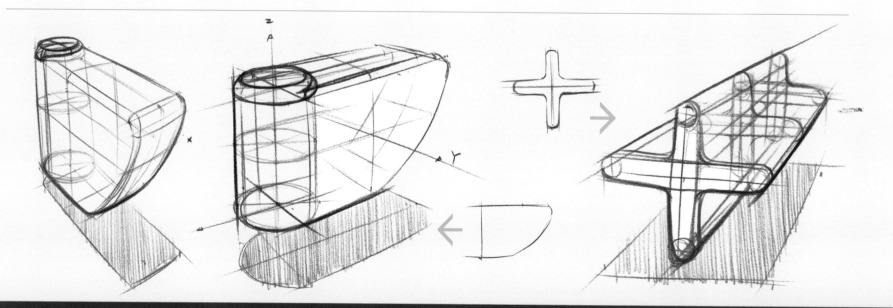

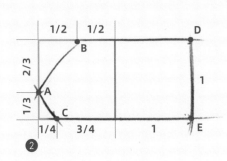

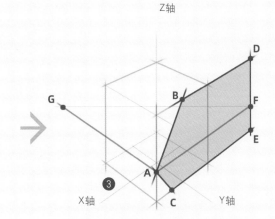

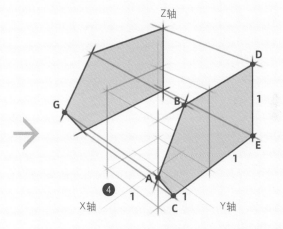

分析需拉伸截面的具体形态,在1:2的外框辅助矩形中定出点A、B、C的比例关系。

依据分析的截面形态比例,在空间中找到点A、B、C、D、E的位置并连接。过点A画透视线AF并镜像出AG,得到拉伸厚度。

依据透视,将截面沿线AG在Y轴上向里进行拉伸,得到所需的打印机基本形态。

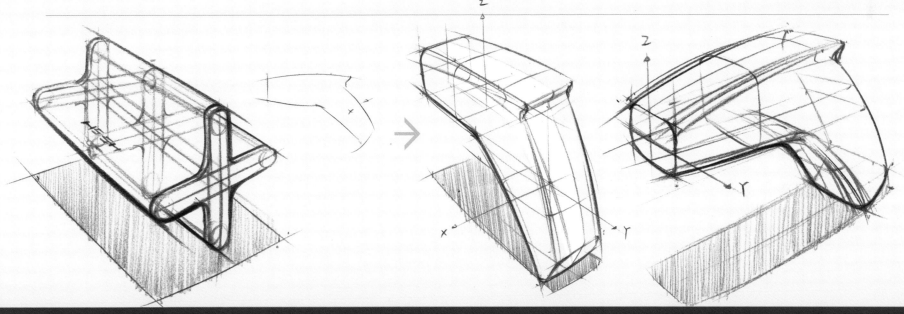

二、放样、扫掠建模

1. 放样建模　　与拉伸建模的不同在于，放样建模适合主体形态由多个"不交叉"横截面生成的产品。其绘制要点在于，计算分析好不同横截面的形态与位置。

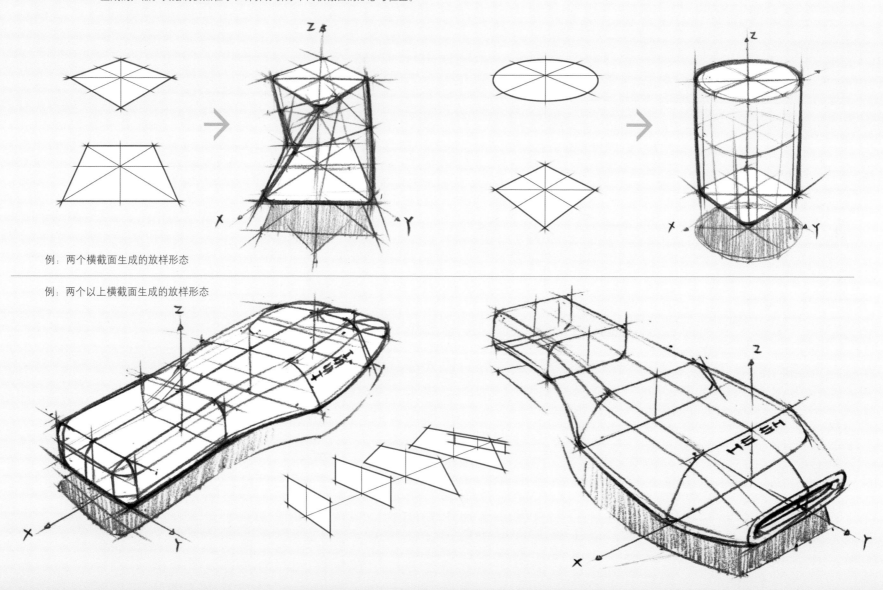

例：两个横截面生成的放样形态

例：两个以上横截面生成的放样形态

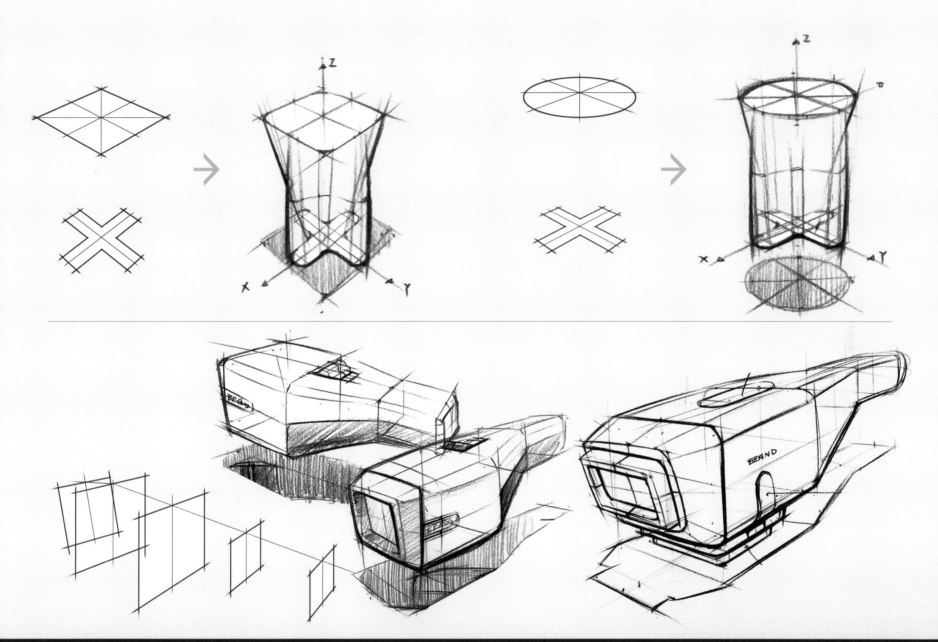

2. 扫掠建模

与放样建模的不同在于，扫掠建模除多个"不交叉"横截面外，还需
一条放样路径，才能最便捷高效地完成基本形态绘制。

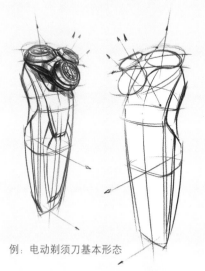

例：电动剃须刀基本形态

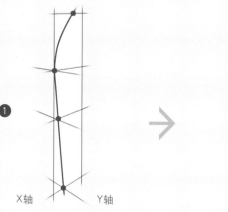

❶ X轴　　Y轴

依据尺寸比例，运用曲线比例控制技巧，
将放样路径在空间透视中绘制出来。

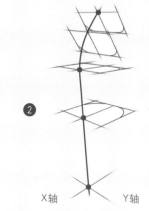

❷ X轴　　Y轴

绘制关键横截面时，运用"透视、比例控
制"章节知识计算好横截面尺寸及透视。

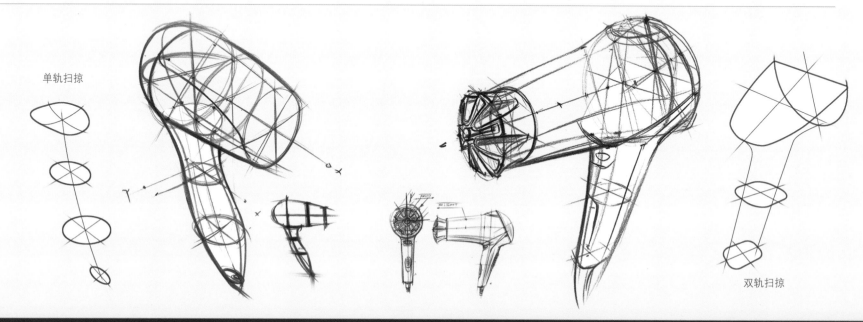

单轨扫掠

双轨扫掠

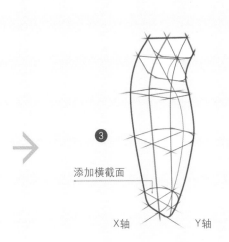

3

添加横截面

X轴　　　　Y轴

通过放样路径上的横截面生成形体，如遇
外轮廓线不确定的地方，可添加横截面。

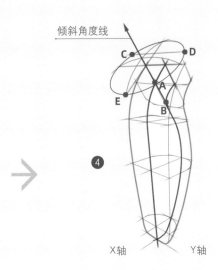

倾斜角度线

C　　D

A

E

B

4

X轴　　　　Y轴

通过设定的尺寸或三视图，在白色剖面上定
出点A、B，以确定刀头倾斜角度线，继续绘
制出圆及其三分点，再"提"出圆的拱面。

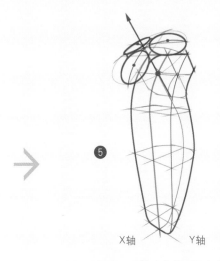

5

X轴　　　　Y轴

将圆的拱面三等分并定出圆心位置，再绘
制均匀分布的3个圆形刀头，完成剃须刀基
本形态的绘制。

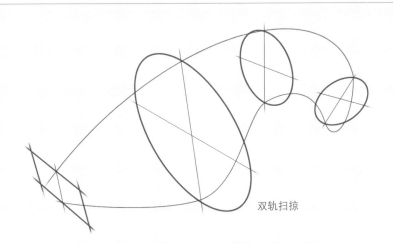

双轨扫掠

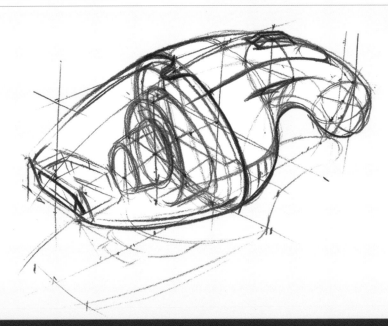

三、嵌面建模

与前面的各类线建模的不同在于，嵌面为多个横截面相交，以此生成产品的"骨架"，再通过类似"蒙皮"的方式完成形态绘制。

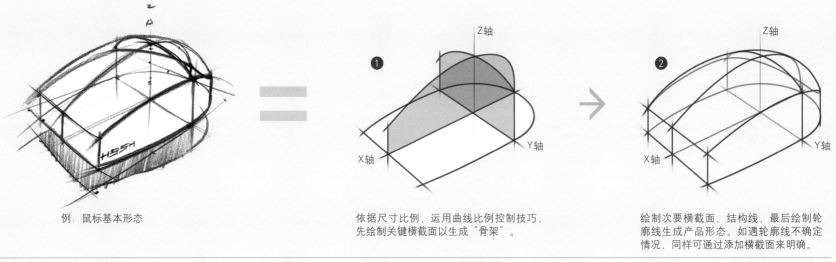

例：鼠标基本形态

依据尺寸比例，运用曲线比例控制技巧，先绘制关键横截面以生成"骨架"。

绘制次要横截面、结构线，最后绘制轮廓线生成产品形态。如遇轮廓线不确定情况，同样可通过添加横截面来明确。

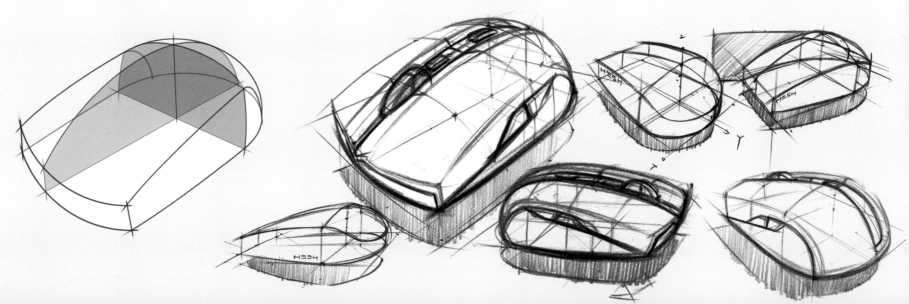

例：运动鞋基本形态

① 了解基本比例尺寸

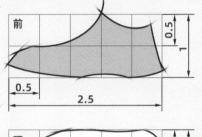

前 0.5 / 1

0.5 2.5

顶 2/3 / 1

0.5 2.5

右 2/3 1 1

运动鞋的形态看似比较随机、复杂，但认真分析后会发现，其基本比例尺寸有一定的规律，了解后其实不难绘制。同理，如面对产品感觉无从下手，很大原因是因为不了解产品。

② 绘制底面透视框

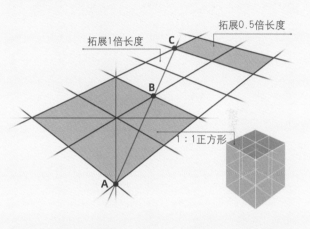

拓展1倍长度　　拓展0.5倍长度

C

B

1：1正方形

A

取两点透视45°视角立方体顶面，快速得到左右对称的1：1正方形，过点A、B画延长线交于C，拓展出1倍长度，再依据近大远小的透视拓展0.5倍长度，完成底面透视框绘制。

③ 绘制运动鞋大底形态

④ 绘制大底起伏

⑤ 绘制X轴方向横截面

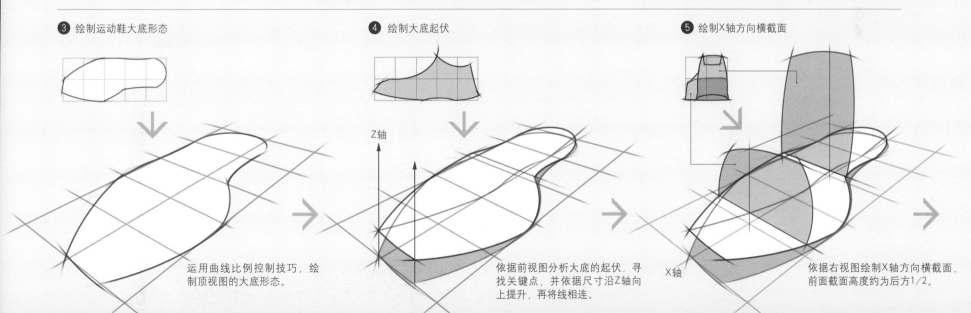

运用曲线比例控制技巧，绘制顶视图的大底形态。

依据前视图分析大底的起伏，寻找关键点，并依据尺寸沿Z轴向上提升，再将线相连。

依据右视图绘制X轴方向横截面，前面截面高度约为后方1/2。

⑥ 绘制Y轴方向横截面

⑦ 绘制前部鞋面轮廓线

⑧ 绘制后帮与鞋舌

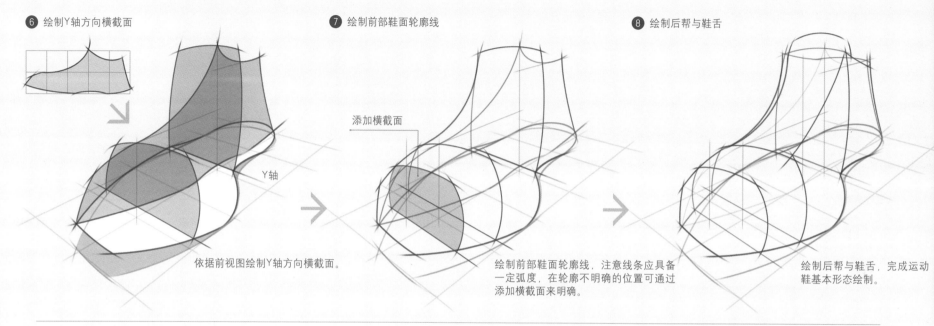

Y轴

添加横截面

依据前视图绘制Y轴方向横截面。

绘制前部鞋面轮廓线，注意线条应具备一定弧度，在轮廓不明确的位置可通过添加横截面来明确。

绘制后帮与鞋舌，完成运动鞋基本形态绘制。

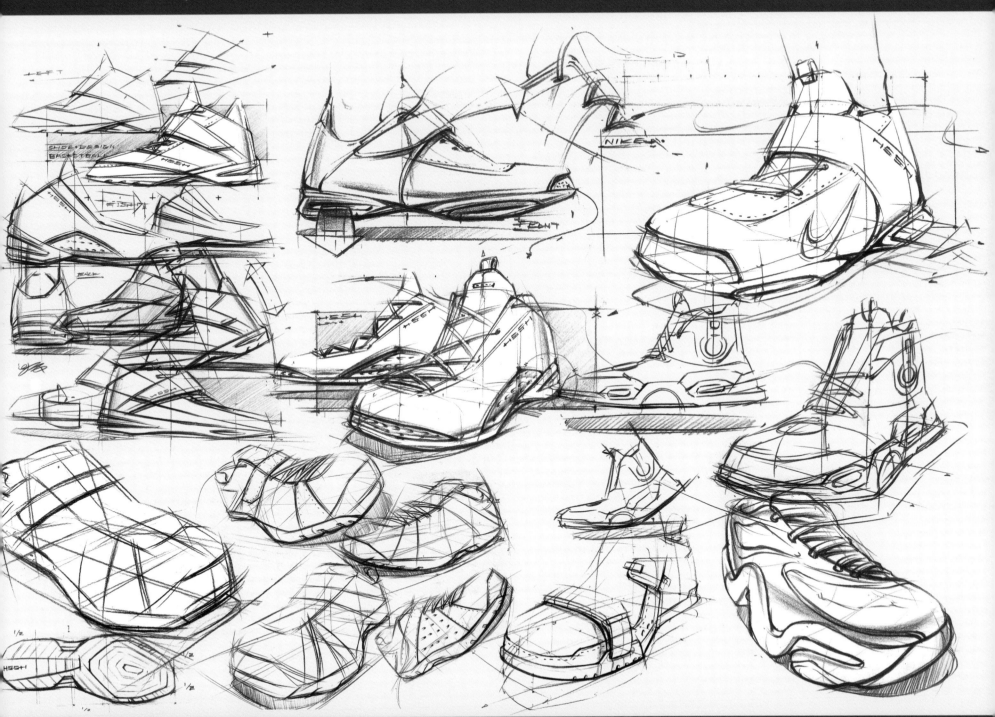

四、综合建模

本章介绍了各类体建模与线建模的方法，但在实际绘图中，没有哪种方法可以包打天下，需要根据形态类型迅速做出分析判断，并选择合适的建模方法。

此外，还会碰到更多复杂或感觉无从下手的产品，既需要我们了解绘制对象，同时要学会将各类方法融会贯通并综合运用，以最高效地达成目标。

下面将以大部分设计手绘学习者喜爱的交通工具为绘制对象，讲述如何综合运用线稿思维与技法。

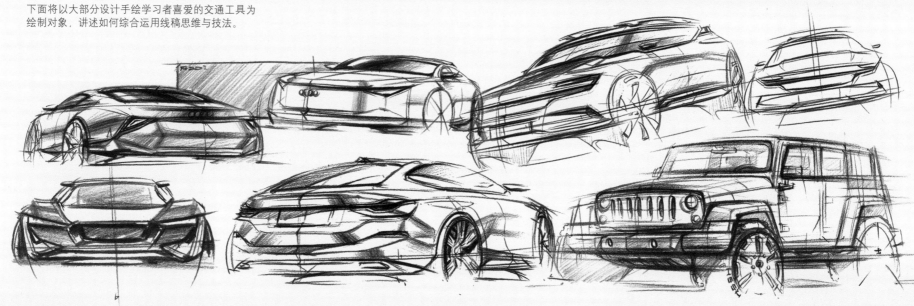

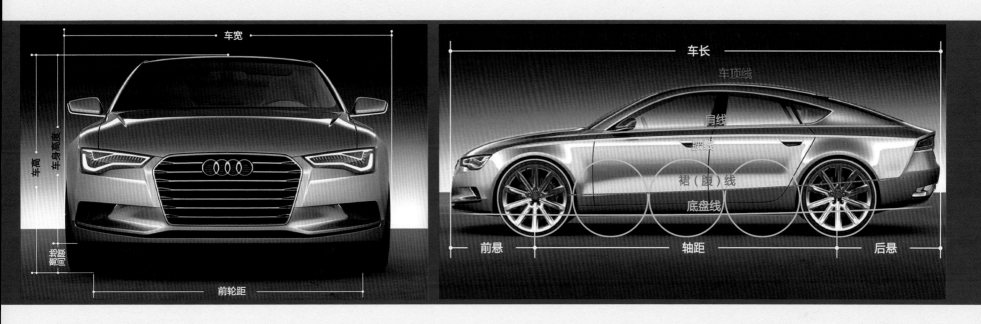

车宽

车高 车身高度

离地间隙

前轮距

车长

车顶线

肩线

腰线

裙（腹）线

底盘线

前悬 轴距 后悬

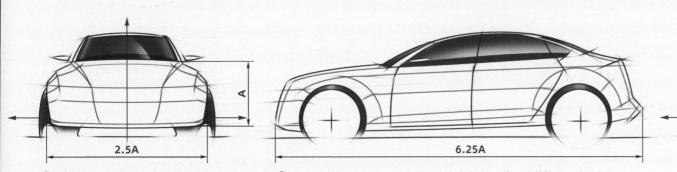

A

2.5A

6.25A

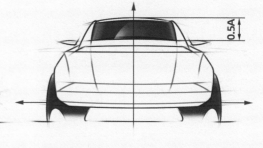

0.5A

❶ 如将肩线至底盘线的高度设为单位A，车身宽度则大致为2.5A。

❷ 车身长度约为6.25A，即大致为车身宽度的2.5倍。该数据是为便于学习而总结的大致比例，实际绘图时可根据不同车型，在此基础上进行调整。

❸ 肩线至车顶的高度约为0.5A，而肩线至底盘线高度为A，二者比例约为1：2。

2.三分法（前视）

三分法并非从形态本质着手的严谨方法，但能相对快速地协助我们掌握特定角度的汽车结构与比例。如同小时候练字用的米字格，能帮助我们先大致将字写对，再以此为基础加以练习，逐渐变得挥洒自如。

❶ 绘制三分框

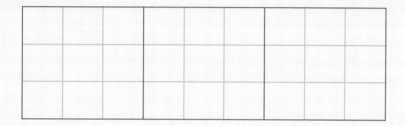

绘制高度比宽度略小的3个矩形，再将矩形三等分，如上图所示。

❷ 确定外轮廓关键点

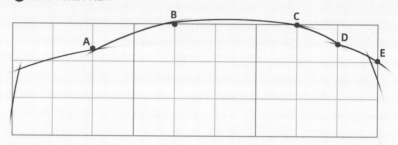

依据上图位置，定出点A、B、C、D、E，用略微弯曲的曲线连接，左右两边的轮廓线则略向中间倾斜，完成前视角度上部外轮廓线的快速绘制。

❸ 绘制轮眉与底盘线

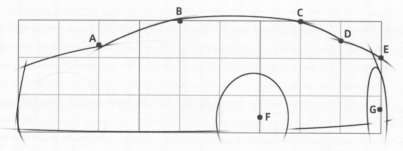

定出两轮圆心点F、G，并绘制轮眉。前轮宽且略低，后轮除窄且略高之外，还可略微向外倾斜，再继续绘制出往后略高的底盘线，完成整体轮廓绘制。

❹ 绘制右侧面

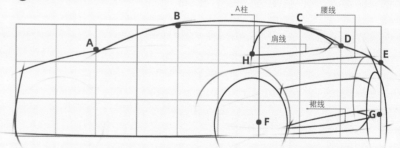

绘制出右侧面裙线、腰线、肩线及其他形体变化，再定出点H，并绘制出侧窗眉。在实际绘图时，可将肩线到车顶的高度适当压低，以增强视觉效果。

⑤ 绘制前脸区与引擎盖

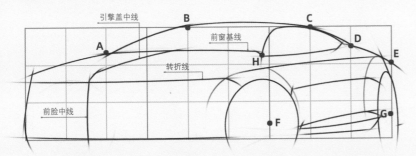

前脸区与引擎盖的转折线，大致与前轮眉最高点平齐（不同车型有上下浮动），绘制完转折线后，在左侧矩形的中间位置绘制前脸中线。前窗基线高度比右侧肩线略高，绘制完后再找到中点绘制引擎盖中线，并连接前脸中线。

⑥ 完善前脸区与引擎盖

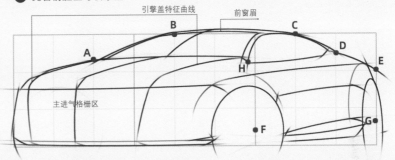

从点A位置延伸出引擎盖特征曲线，并顺延至前脸区界定出主进气格栅区域，再绘制出点A处柱厚度、前窗眉及前窗中线。至此，前视角度的三分法绘制技巧介绍完毕，其他车型（如紧凑型、轿跑、SUV）可以此为基础进行变化调整。

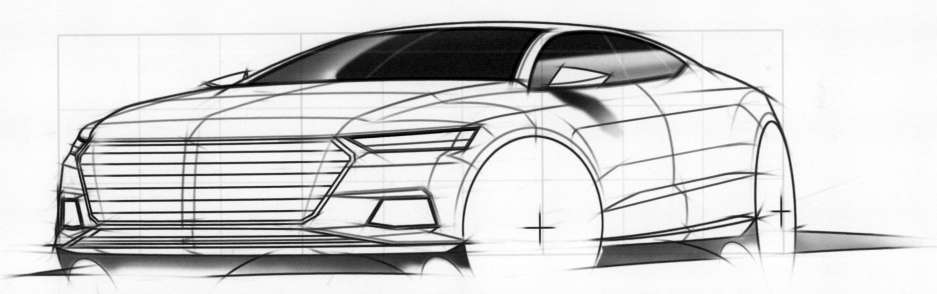

特殊的产品类型可以总结技巧型的特定绘制方法，三分法综合运用了透视、嵌面、加减等方法进行绘制。以三分法绘制的基本型为基础，依据设计或不同车型，再进行深入表达时，会更胸有成竹。

3. 三分法（后视）

① 绘制三分框

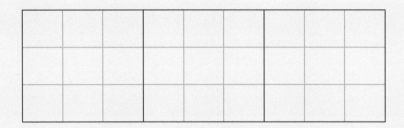

绘制高度比宽度略小的3个矩形，再将矩形三等分，如上图所示。

② 确定外轮廓关键点

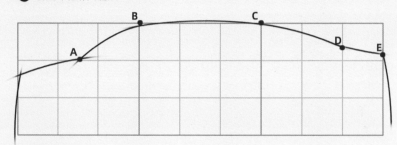

依据上图位置，定出点A、B、C、D、E，用略微弯曲的曲线连接，左右两边的轮廓线则略向中间倾斜，完成后视角度上部外轮廓线的快速绘制。

③ 绘制轮眉与底盘线

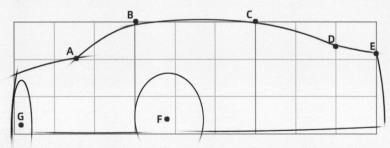

继续定出后视角度两轮圆心点F、G，并绘制轮眉。再绘制出右边略高的底盘线，完成整体轮廓绘制。

④ 绘制左侧面

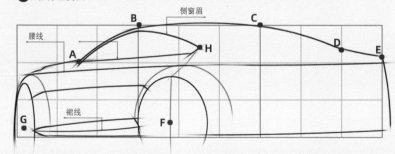

绘制出左侧面裙线、腰线、肩线，从点F沿形体起伏向上做剖面线找到点H，绘制侧窗眉。

⑤ 绘制后脸区与后窗

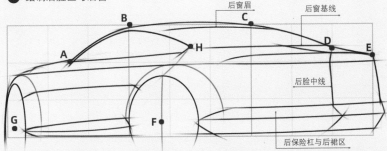

后窗眉　后窗基线
后脸中线
后保险杠与后裙区

在右侧矩形靠右1/3处绘制后脸中线，在比肩线略高的位置绘制后窗基线，在比车顶线略低的位置绘制后窗眉，并形成右大左小的夹角。后保险杠与后裙区，在后脸区做形体加法。

⑥ 完善后脸区与后窗

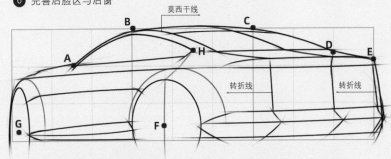

莫西干线
转折线　转折线

绘制出莫西干线以界定出后窗宽度，莫西干线与侧窗眉应形成近大远小的间隔。再以左右莫西干线为基础，向下延伸以界定出后脸到车身侧面的转折线。至此，后视角度的三分法绘制技巧介绍完毕。

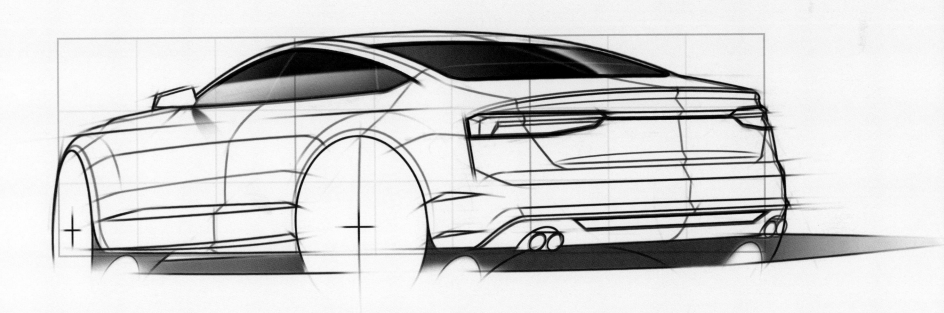

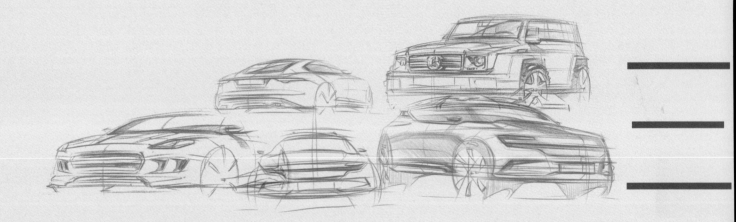

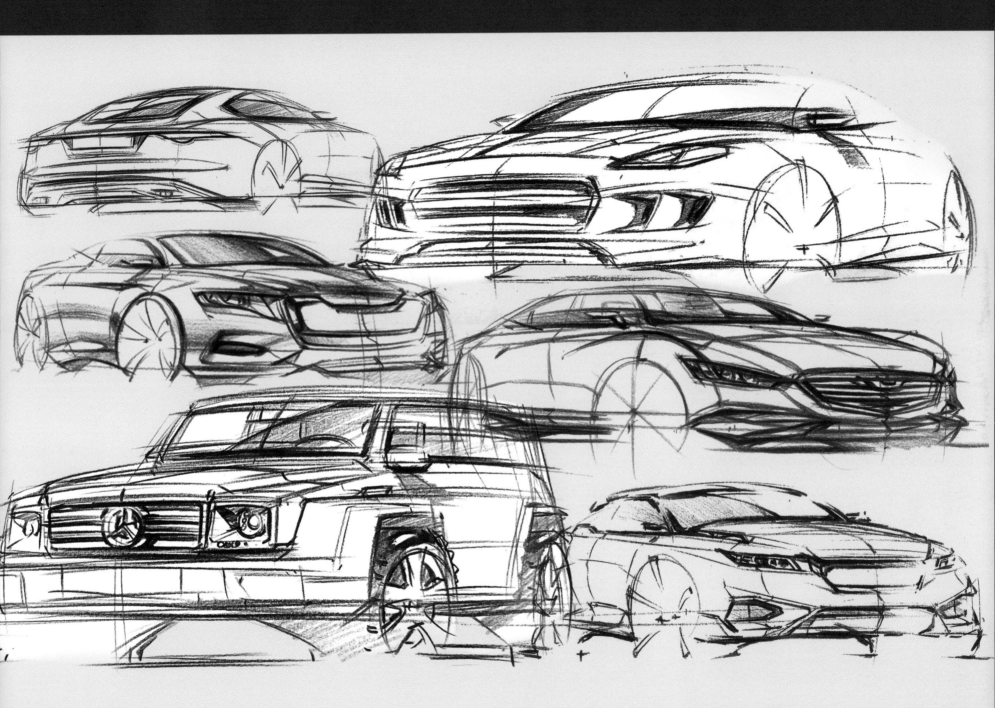

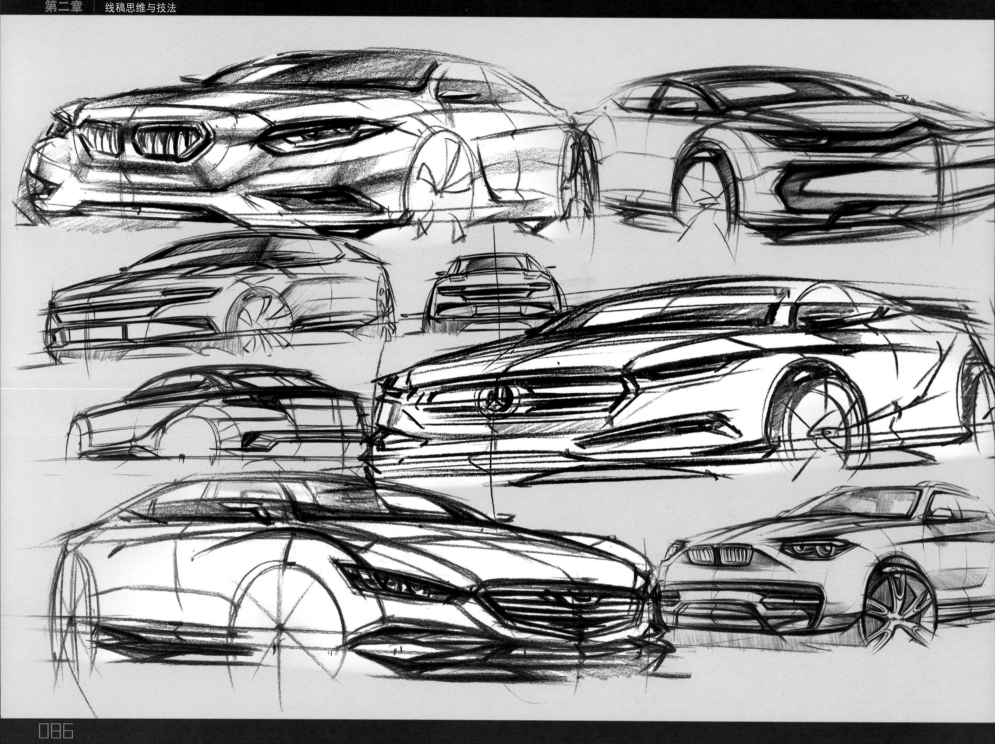

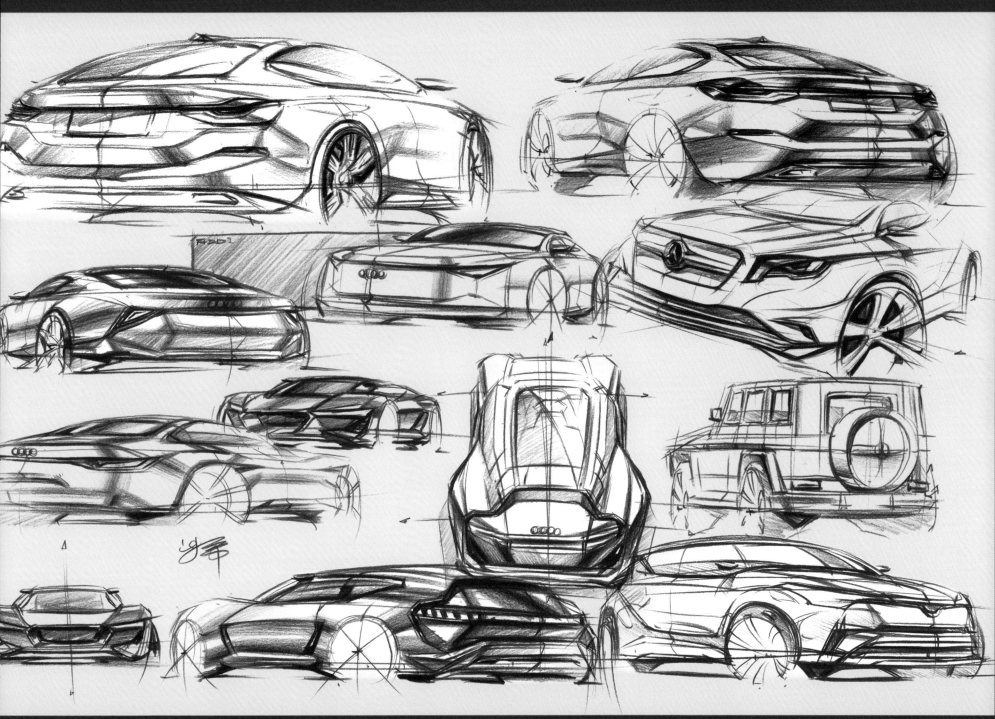

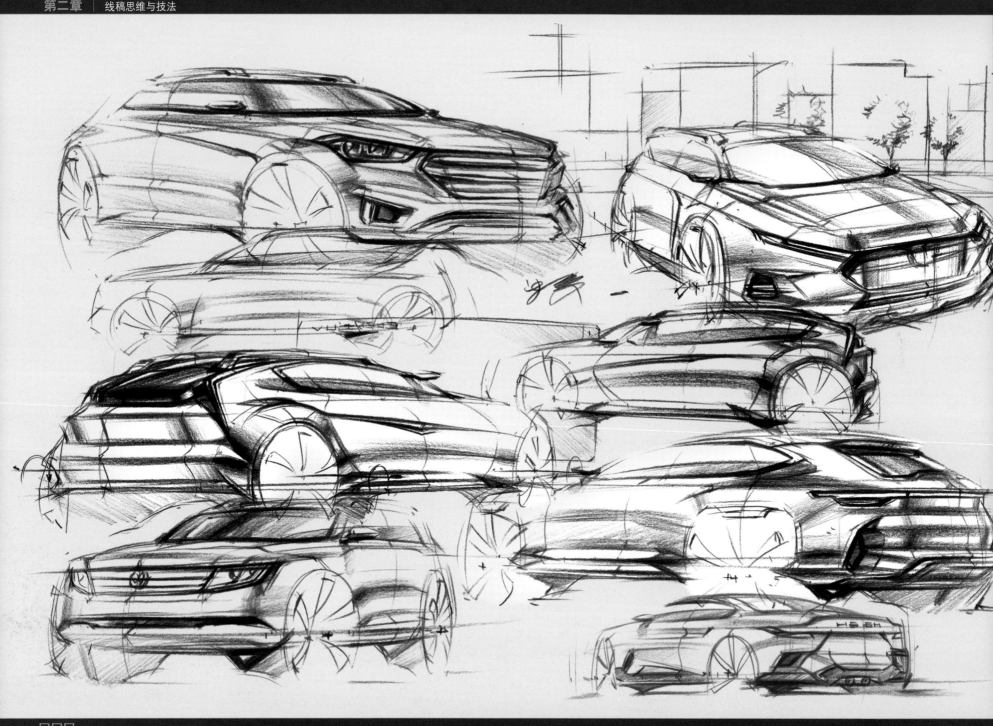

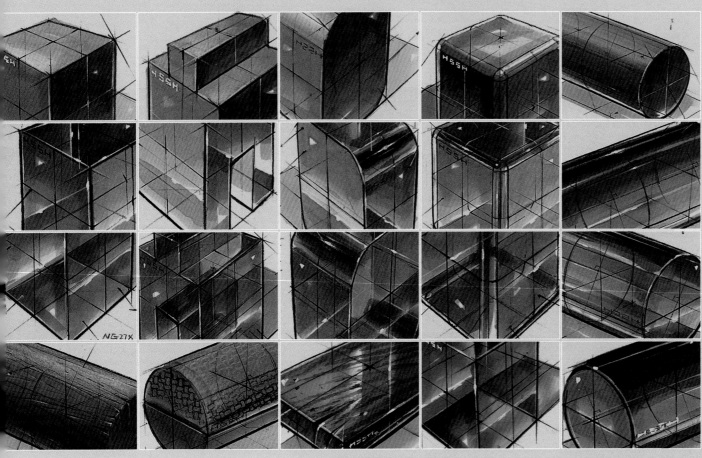

借助笔在纸面构建出线稿的三维模型后，我们还需要将模型导入渲染器进行渲染；
在设计手绘中，这个设定光源、分析明暗并调节颜色与材质的渲染器，是大脑。

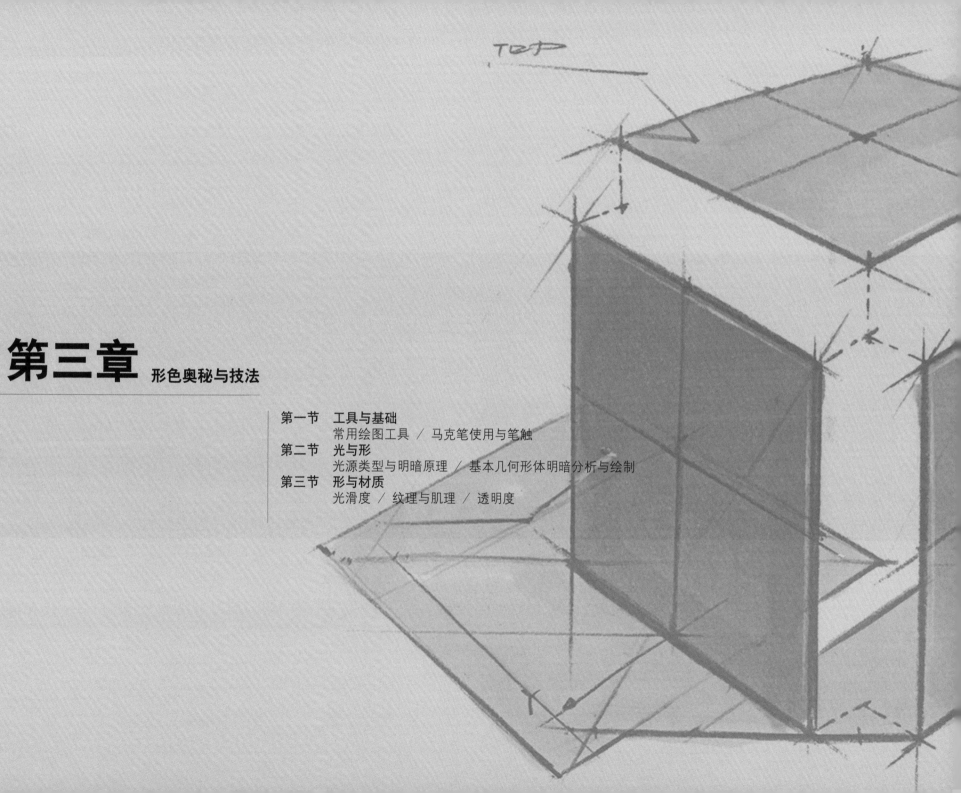

第三章

形色奥秘与技法

第一节 工具与基础

一、常用绘图工具

1. 黑色彩铅

辉柏嘉399 / 油性彩铅 / 适合马克笔着色前使用

铅芯偏硬，不易断，线条明确、纤细，便于控制及刻画细节，但绘制出的线条明暗跨度较小。同时，因为其油性属性，在进行马克笔着色时能较好地保障线稿的干净，适合在着色前使用。

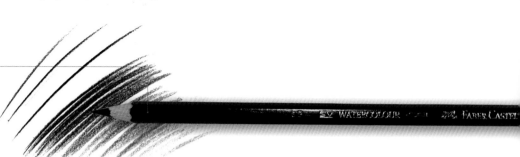

辉柏嘉499 / 水溶性彩铅 / 适合马克笔着色后使用

铅芯偏软，但易断，可绘制出更深的线条，且更适合塑造较大面积的明暗。但因其水溶性属性会溶于马克笔，容易造成线稿模糊并变脏，不适合在马克笔着色前使用，多用于着色后的线稿整理与调整。

*注：在经济条件允许的情况下，可购买霹雳马彩铅中的747（硬）、935（软），表现力更强也更好控制，且两种型号所绘制出的线稿都不会溶于马克笔。

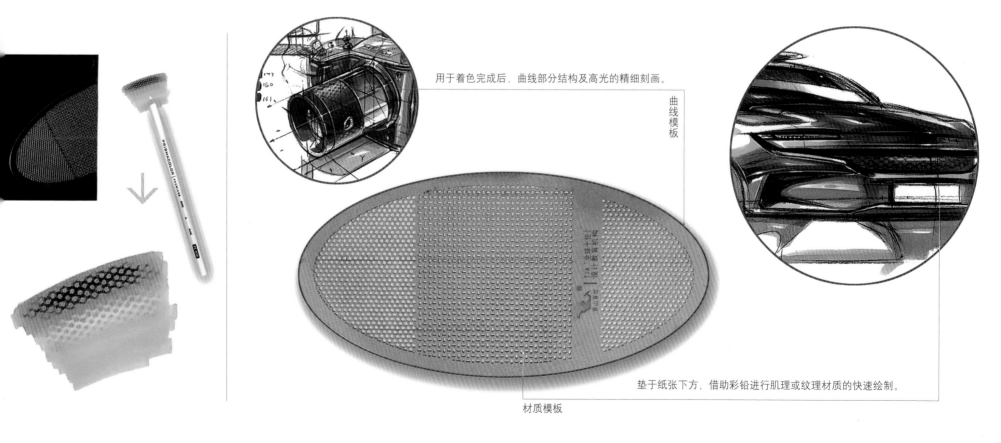

用于着色完成后，曲线部分结构及高光的精细刻画。

曲线模板

垫于纸张下方，借助彩铅进行肌理或纹理材质的快速绘制。

材质模板

3. 高光绘制工具

适合绘制高光线，借助尺规绘制时其附着力与表现力更强。

霹雳马938白色彩铅

三菱UNI-POSCA高光笔

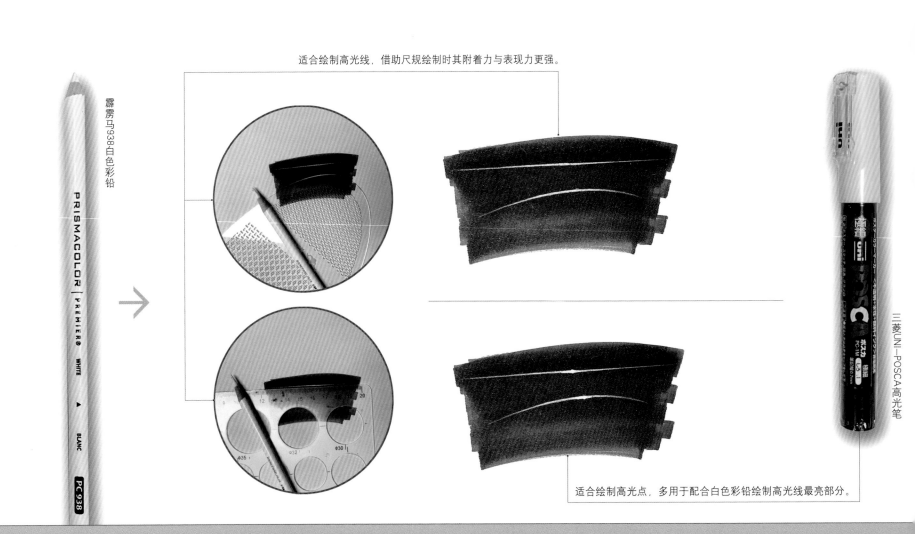

适合绘制高光点，多用于配合白色彩铅绘制高光线最亮部分。

在经历了水粉、底色高光、透明水色、马克笔+色粉等表现技法沿革后，
马克笔以其便捷、速干、高效等优势，成为设计手绘的主流着色工具。

常见的品牌有Copic、AD、iMark、Touch、Prisma、Finecolour等，初学者可
选择经济的Finecolour（法卡勒），色号可参照右侧色卡。

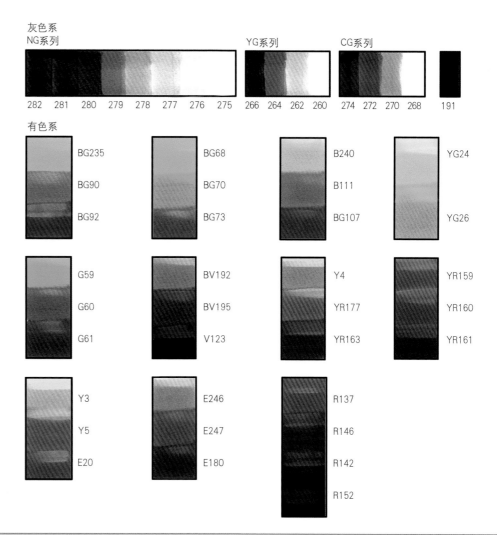

二、马克笔使用与笔触

1. 马克笔运笔

起点与终点停留时间过长，导致两端端点过大。

绘制过程中停顿或不流畅，导致笔触扭曲。

笔头斜面与纸面不平行或接触不充分，导致笔触不完整。

相对流畅、均匀的笔触。

2. 颜色层次绘制技巧（酒精、油性）

同一色号多层次绘制

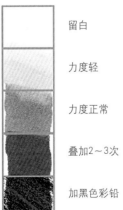

留白

力度轻

力度正常

叠加2~3次

加黑色彩铅

可处理出5种不同深浅色阶

不同色系相溶

在前一个颜色未干时，迅速用另一个不同色系马克笔进行叠加，可绘制出不同色系的相溶效果，可用于一些特殊材质的绘制。

同一色系明暗过渡绘制

E246
E247
E180

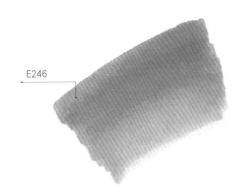

在绘制平缓的明暗过渡时，容易出现过渡不柔和或笔触过于明显的情况。

E246

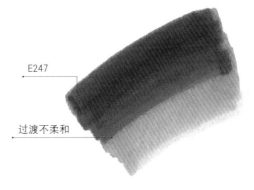

用浅色绘制第一层过渡，绘制时运笔不宜过快，且笔触与笔触间要充分叠加。

E247

过渡不柔和

用中间色绘制面积缩小的第二层过渡，此时容易出现颜色过渡不柔和的情况。

用E246柔和过渡

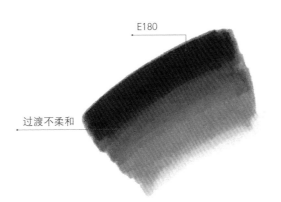

利用酒精或油性马克笔的相溶性，用第一遍的浅色色号，在过渡不柔和的交接处进行柔和。

E180

过渡不柔和

用深色绘制面积更小的第三层过渡，同样容易出现过渡不柔和的情况。

用E247柔和过渡

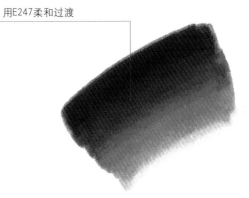

用第二遍的中间色色号，继续在过渡不柔和的交接处进行柔和。至此，完成了柔和的同色系明暗过渡层次绘制。

3. 马克笔常用笔触

常规笔触

笔头平行纸面，从起点迅速落笔，到终点收笔。

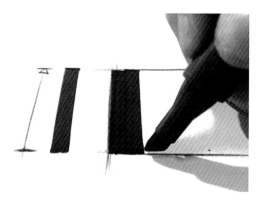

倾斜笔触

起笔时将笔头倾斜，以适应形体的透视变化。

衰减笔触

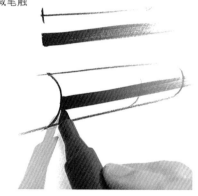

由完全接触纸面到脱离，形成均匀衰减过渡。

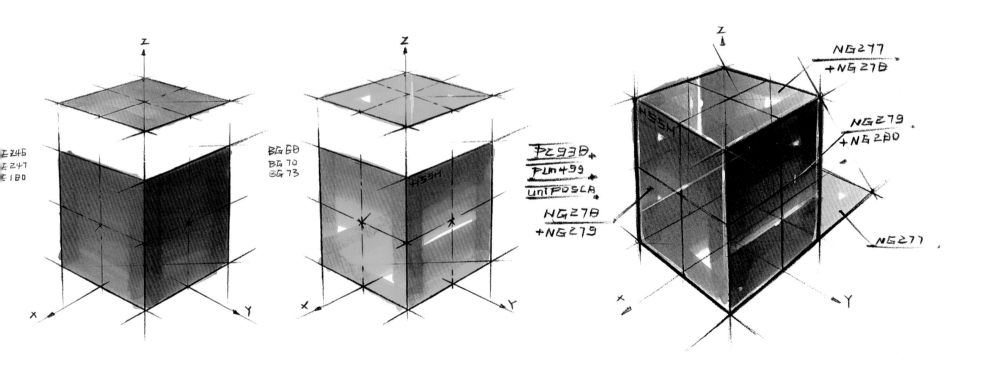

4. 笔触应用（漫反射材质绘制）

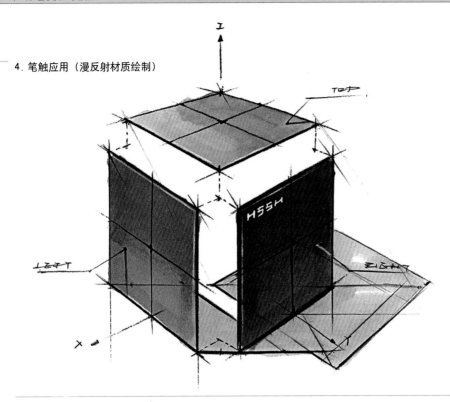

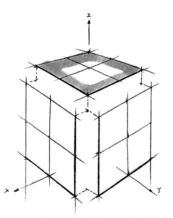

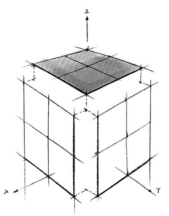

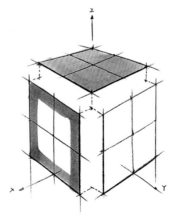

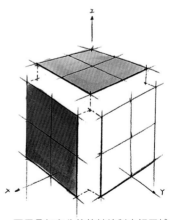

先绘制亮面，用倾斜笔触绘制四边，可以更好地保障后期的笔触在绘制时不出界，着色也会更放松。

绘制中间区域，注意笔触与笔触间叠加要充分，才能更好地绘制出过渡柔和的面。

继续绘制灰面，同样先进行四边绘制。

再用叠加充分的笔触绘制中间区域。

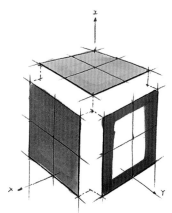

用同样的方法，继续绘制暗面。

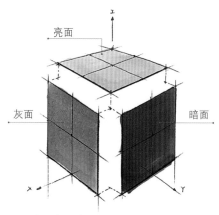

亮面

灰面

暗面

亮、灰、暗三个面的着色工作完成后，再进行各面自身变化的塑造。

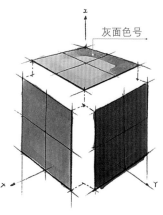

灰面色号

将灰面色号在亮面离光源远处着色。

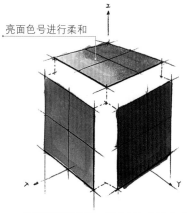

亮面色号进行柔和

遇过渡不柔和时，用亮面色号进行柔和。

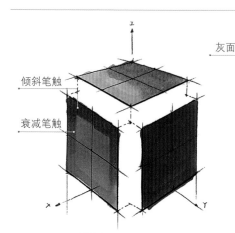

倾斜笔触

衰减笔触

用同样的方法，将暗面色号在灰面的上方进行着色。着色时，要注意笔触的综合运用。

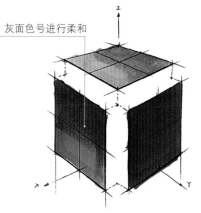

灰面色号进行柔和

用灰面色号对过渡区域进行柔和。

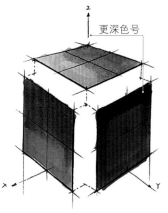

更深色号

用同样的绘制方法，选择比暗面色号更深的颜色，绘制最暗的明暗交界处，再用暗面色号进行柔和。

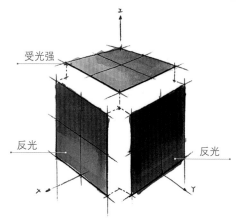

受光强

反光

反光

至此，亮、灰、暗三个面自身的明暗过渡变化塑造完成。

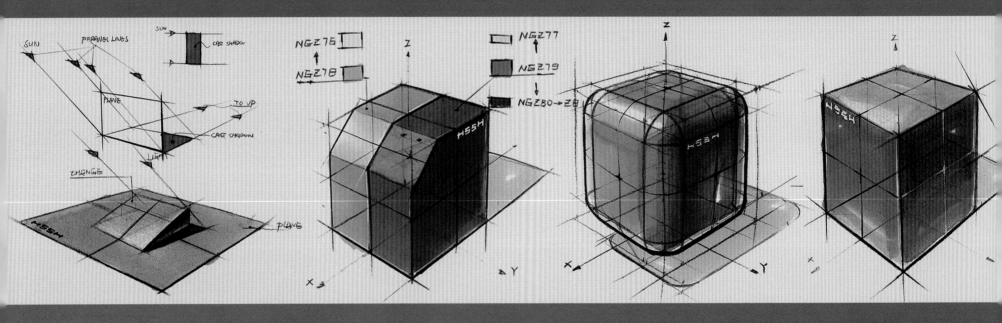

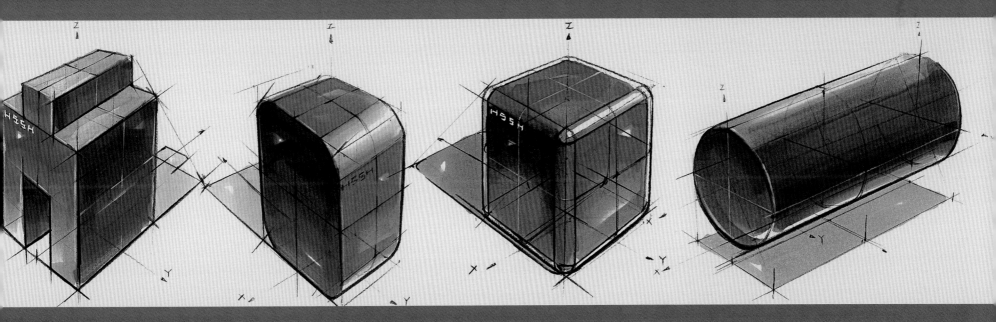

在掌握了上色工具的"术"后，了解明暗原理的"道"，并形成独立思考能力，"术"才能得以应用。
在设定形体为漫反射材质的情况下，各个面的明暗程度，主要取决于面与光所成角度，以及光源强弱。

一、光源类型与明暗原理

1. 光源类型

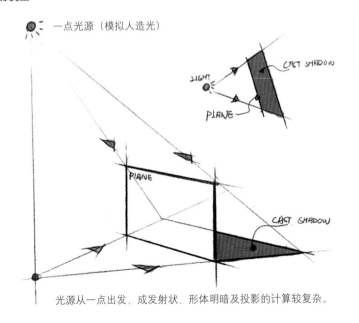

一点光源（模拟人造光）

光源从一点出发，成发射状，形体明暗及投影的计算较复杂。

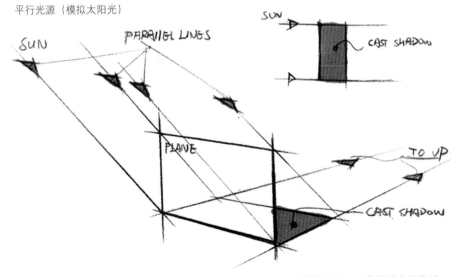

平行光源（模拟太阳光）

默认光源为平行照射，计算较方便，为常用的光源类型。

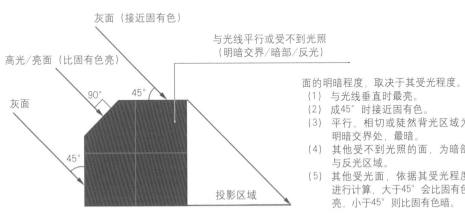

面的明暗程度，取决于其受光程度。
(1) 与光线垂直时最亮。
(2) 成45°时接近固有色。
(3) 平行、相切或陡然背光区域为明暗交界处，最暗。
(4) 其他受不到光照的面，为暗部与反光区域。
(5) 其他受光面，依据其受光程度进行计算，大于45°会比固有色亮，小于45°则比固有色暗。

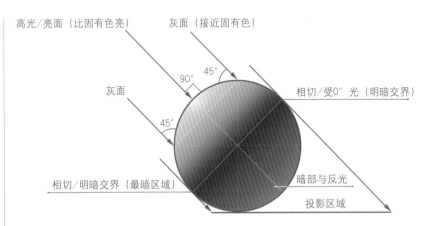

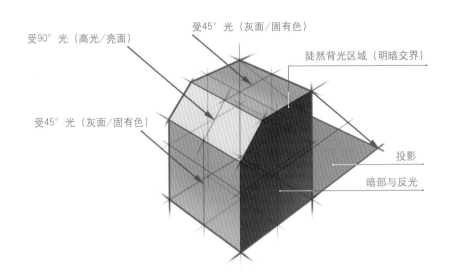

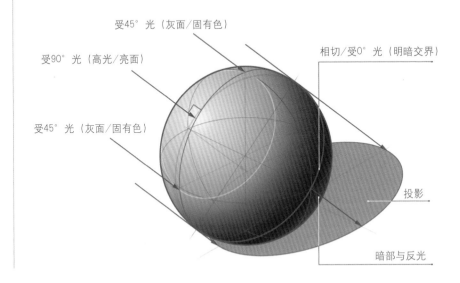

3. 进行强度合适的"打光"

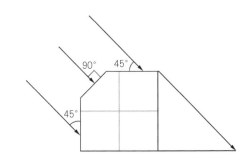

在分析了明暗原理后，我们知道了面的明暗程度取决于其受光角度。面与光成45°时接近固有色，可以拿固有色进行着色。但其他受光及背光角度的面，其明暗程度由什么因素决定，又该呈现什么样的明暗对比，还没有明确的答案。在设定物体为漫反射材质的情况下，除受45°光照射的固有色区域外，其他角度的明暗程度主要取决于光照的强弱程度。

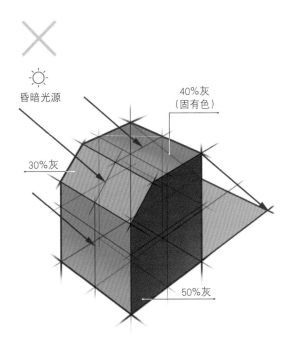

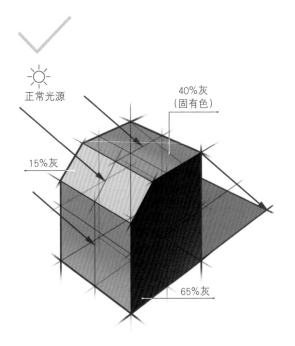

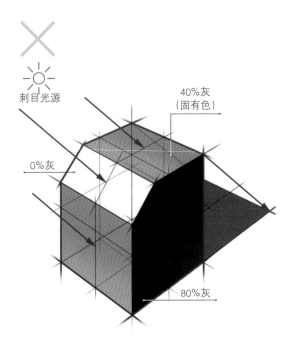

与光成45°的面接近固有色（灰面），但亮面、暗面与灰面的色阶跨度小，明暗对比弱。

与光成45°的面依然接近固有色（灰面），与亮面、暗面的色阶跨度适中，为2至3个色阶跨度，明暗对比舒适。

与光成45°的面同样接近固有色（灰面），但与亮面、暗面的色阶跨度过大，明暗对比过强。

通过上页分析可得知，在灰面与亮面、暗面相差2至3个色阶时，所模拟出的光源为正常强度。
以此理论为基础，我们便可为漫反射材质"赋颜色"，即掌握了用大脑进行"调色"的技巧。

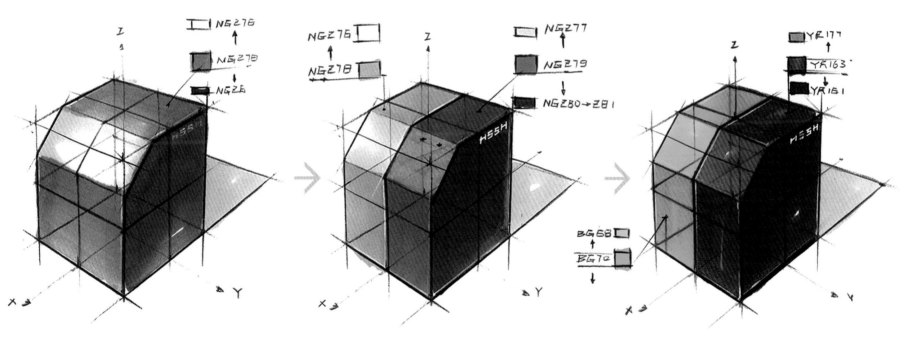

受45°光照时，如固有色为NG278，则亮面为NG276，暗面整体接近NG280。需要注意的是，单个面自身也存在变化，如右侧暗面，上部更暗，下部更亮，但整体平均值呈NG280色值。

将切角立方体居中切开，左侧固有色依旧为NG278，右侧设置为NG279。依据亮面、暗面与灰面相差2至3个色阶的明暗规律，可以得到左右两边灰度不同的切角立方体。

继续对切开的切角立方体进行调色，将左侧固有色设置为BG70，右侧设置为YR163。继续以固有色为基础，推算出亮面与暗面的色值，便将切角立方体调成了彩色。

二、基本几何形体明暗分析与绘制

针对不同形态的产品，如何选择合适的光源，不仅会影响绘制的难易
程度，更会影响最终的着色效果。选择时，可综合考虑以下三原则：
（1）大部分形体处于受光状态；
（2）具有黑、白、灰不同明暗层次；
（3）明暗关系计算能相对简单。

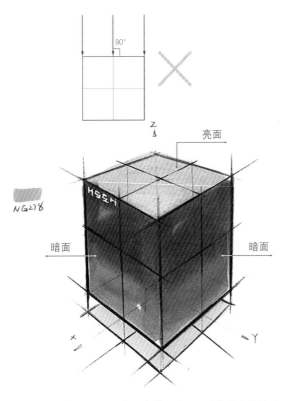

固有色为NG278的立方体，受90°垂直顶光照射时，
只存在亮面与暗面，且大部分形体处于背光状态。

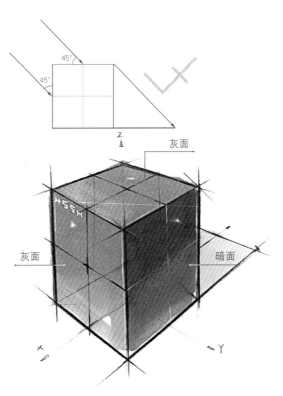

受45°光源照射时，大部分形体处于受光状态，计
算简单，但只存在灰面与暗面，可选择使用。

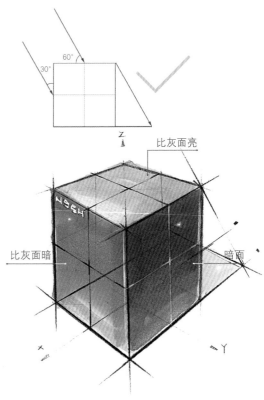

受上图所示60°光源照射时，符合三原则前两项，且
明暗计算也相对简单，为该立方体的合适光源。

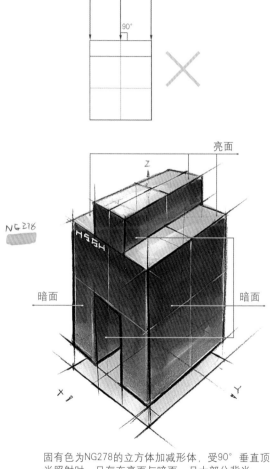

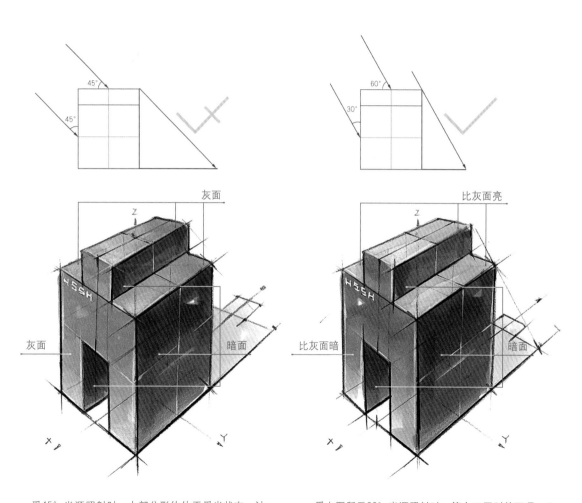

固有色为NG278的立方体加减形体，受90°垂直顶光照射时，只存在亮面与暗面，且大部分背光。

受45°光源照射时，大部分形体处于受光状态，计算简单，但只存在灰面与暗面，可选择使用。

受上图所示60°光源照射时，符合三原则前两项，且明暗计算也相对简单，为该形体的合适光源。

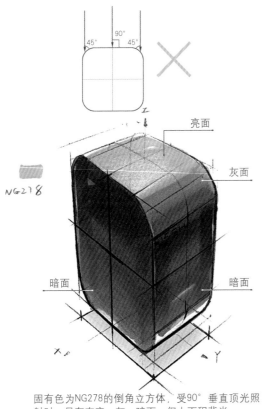

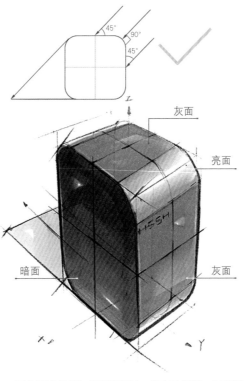

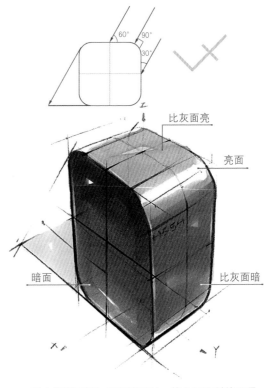

固有色为NG278的倒角立方体，受90°垂直顶光照射时，虽存在亮、灰、暗面，但大面积背光。

受上图所示45°光源照射时，符合三原则，为该倒角立方体的合适光源。

受上图所示60°光源照射时，符合三原则前两项，但明暗计算要比45°更复杂，可依据情况选择。

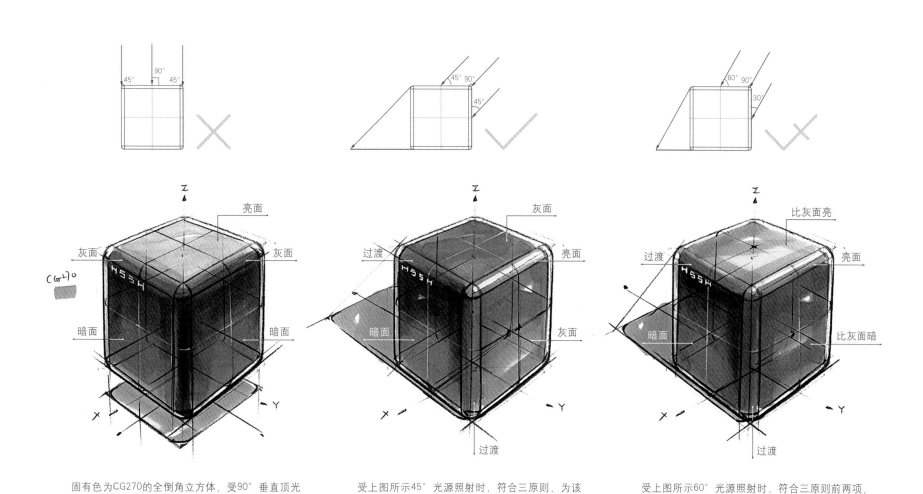

固有色为CG270的全倒角立方体，受90°垂直顶光照射时，虽存在亮、灰、暗面，但大面积背光。

受上图所示45°光源照射时，符合三原则，为该倒角立方体的合适光源。

受上图所示60°光源照射时，符合三原则前两项，但明暗计算要比45°更复杂，可依据情况选择。

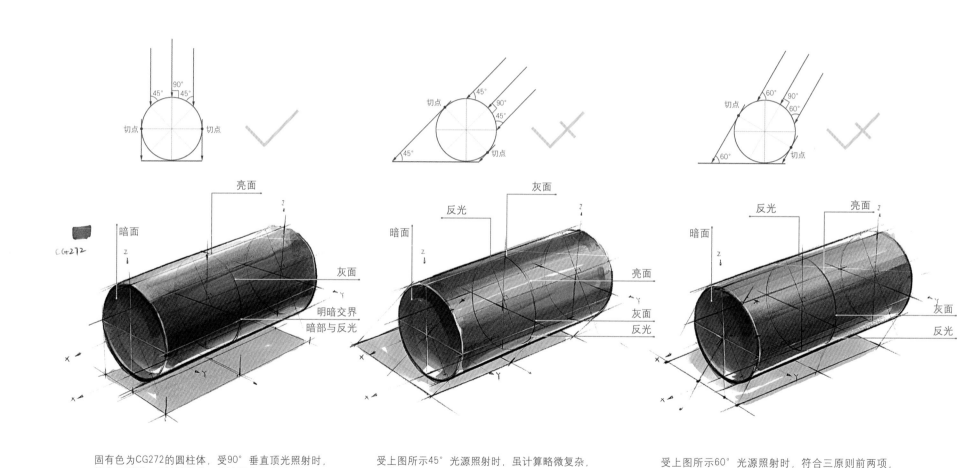

固有色为CG272的圆柱体，受90°垂直顶光照射时，符合三原则，且计算简单，为该形体的合适光源。

受上图所示45°光源照射时，虽计算略微复杂，但符合三原则，可根据需要选择使用。

受上图所示60°光源照射时，符合三原则前两项，但计算相对复杂，可依据需要选择使用。

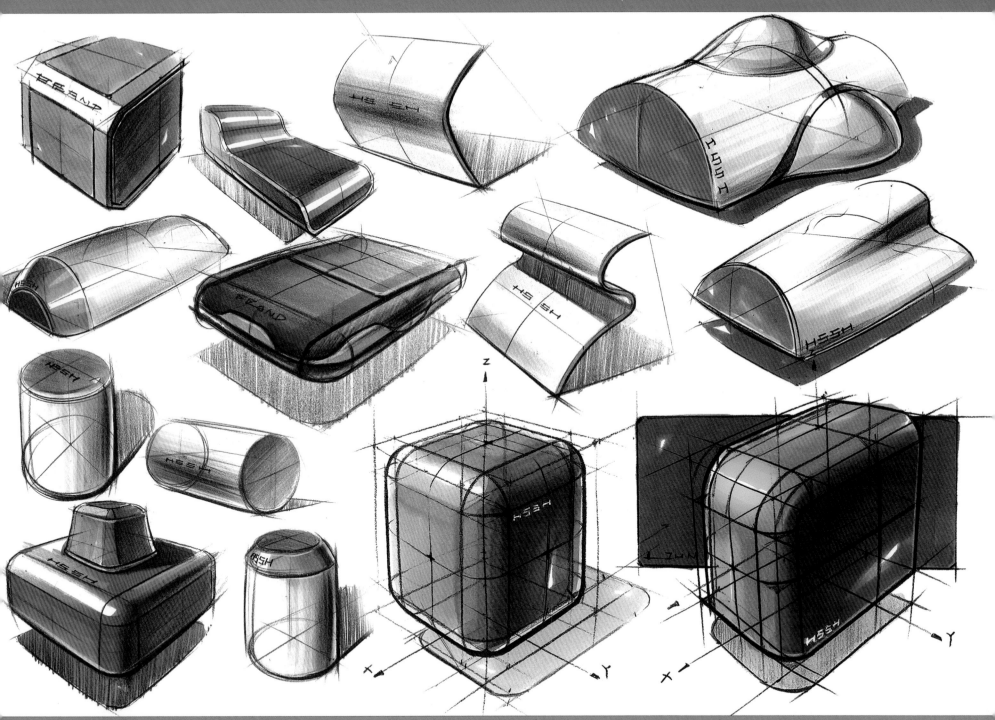

第三节　形与材质

一、光滑度

1. 光与环境对不同光滑度材质的影响

在前文中，重点分析了光对材质的影响，而我们所看到的客观世界，是光与环境同时作用于形体与材质的结果。在研究光滑度时，分析环境的影响尤为重要。

如下方所示，材质表面越粗糙，光的影响越大于环境；而材质表面越光滑，环境的影响则越大于光。如，当我们用不锈钢板当镜子使用时，看到的是我们自己（即环境），而不锈钢板自身的明暗变化几乎可以忽略不计。

光源影响大

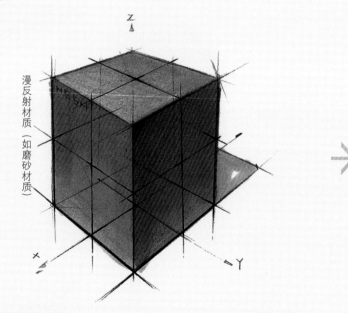

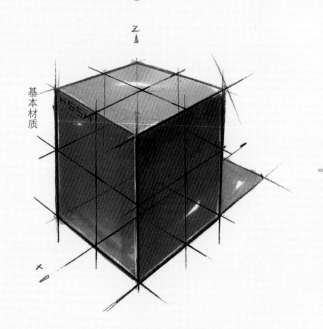

相比于光源，环境的种类则千变万化。如何设定一个既简单又表达效果好的环境，便成了绘制光滑材质的重要前提。

室内可模拟如右侧所示的工作室环境，室外则可模拟地平线环境。

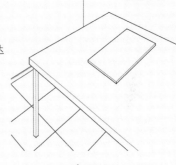

室内环境

环境影响大

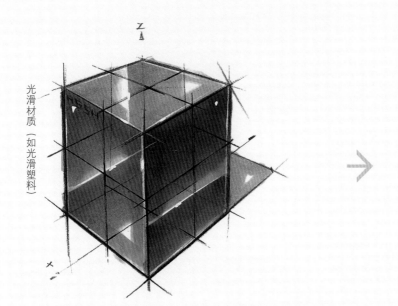

光滑材质（如光滑塑料）

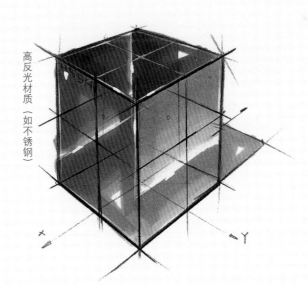

高反光材质（如不锈钢）

（1）漫反射材质

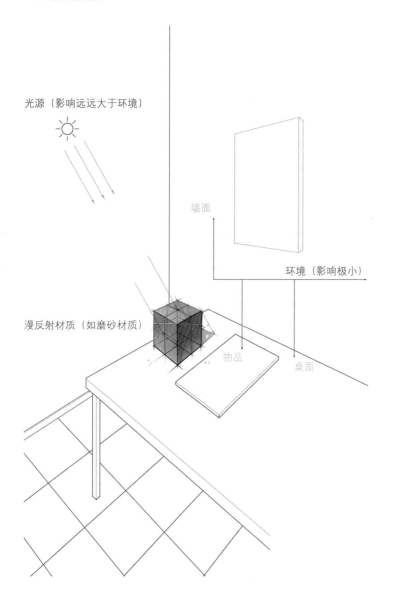

光源（影响远远大于环境）

墙面

环境（影响极小）

漫反射材质（如磨砂材质）

物品

桌面

表面呈凹凸颗粒状

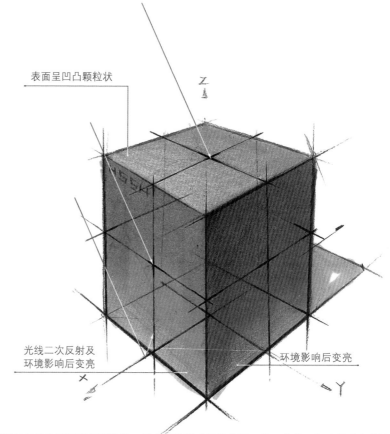

光线二次反射及
环境影响后变亮

环境影响后变亮

漫反射材质表面呈凹凸颗粒状，受光源的影响远远大于环境，依据面与光所成角度计算正常明暗变化，绘制时无须留白，亮面可通过白彩提亮。环境对形体的作用，仅局限于明暗的轻微影响。

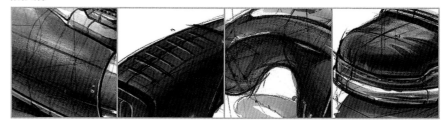

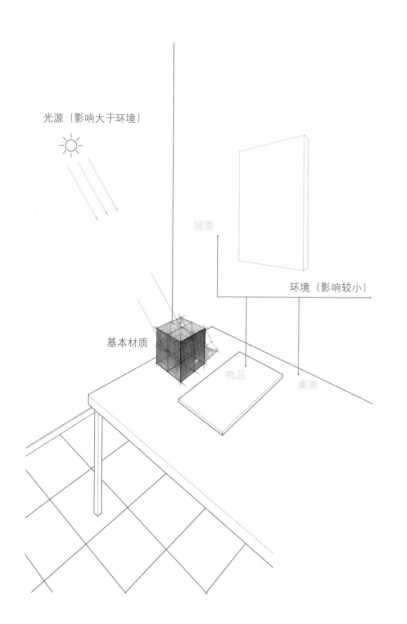

光源（影响大于环境）

墙面

环境（影响较小）

基本材质

物品

桌面

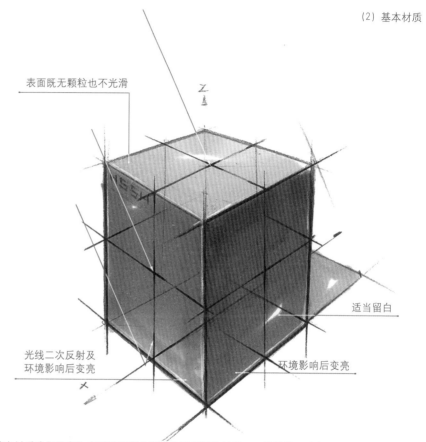

表面既无颗粒也不光滑

适当留白

光线二次反射及
环境影响后变亮

环境影响后变亮

基本材质我们设定为表面既无凹凸颗粒也不光滑的材质，正常计算明暗变化并绘制，可适当留白以增加"透气感"。环境对形体的作用，也仅局限于明暗的轻微影响。

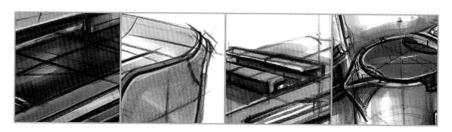

（3）光滑材质

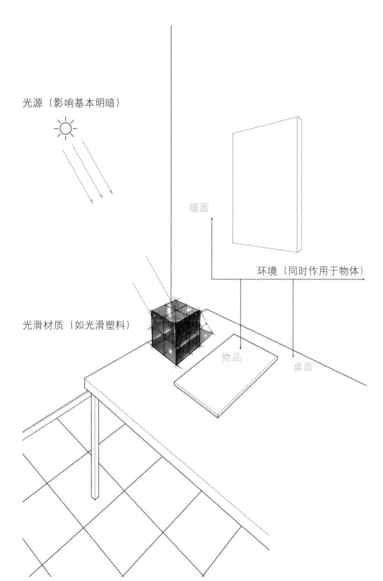

光源（影响基本明暗）

墙面

环境（同时作用于物体）

光滑材质（如光滑塑料）

物品

桌面

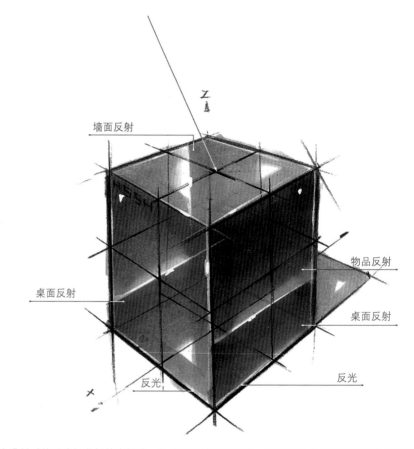

墙面反射

物品反射

桌面反射

桌面反射

反光

反光

光滑材质的明暗仍遵循基本规律，但表面开始反射环境，可理解为光与环境同时作用于形体表面。此外，因表面光滑，会出现明显的高光与反光。

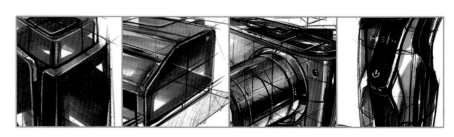

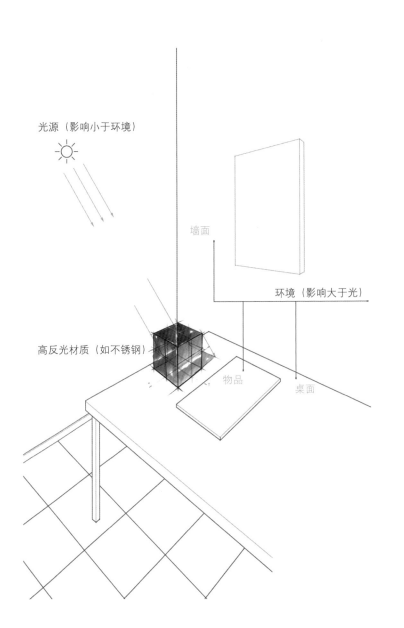

光源（影响小于环境）

墙面

环境（影响大于光）

高反光材质（如不锈钢）

物品

桌面

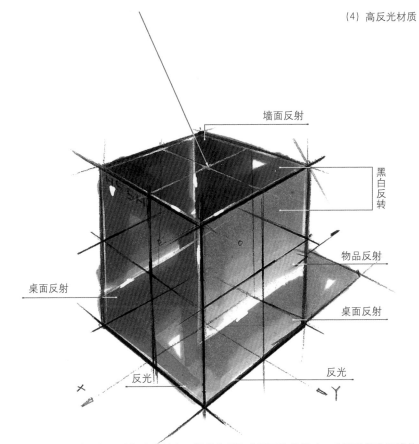

墙面反射

黑白反转

物品反射

桌面反射

桌面反射

反光

反光

高反光材质不再严格遵循明暗规律，其表面视觉效果取决于环境的影响，也可理解为环境的影响大于光。绘制时，可采用"黑白反转"的处理技巧，来"暗示"其不遵循明暗规律的材质属性。

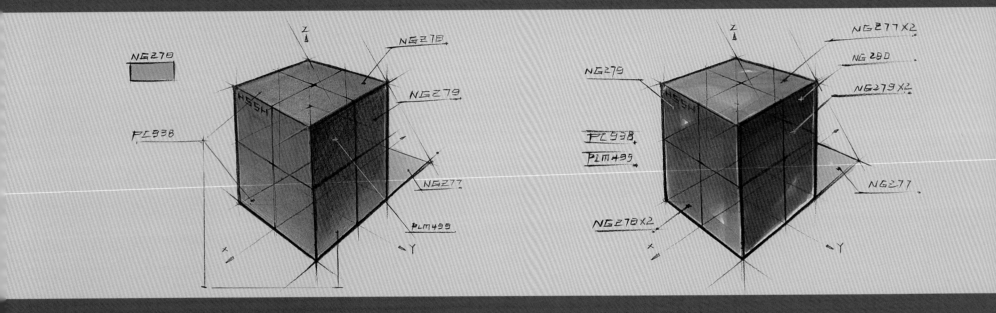

122

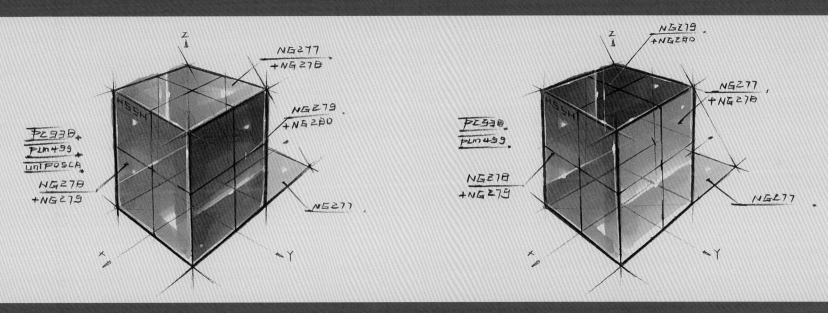

立方体

2. 立方体

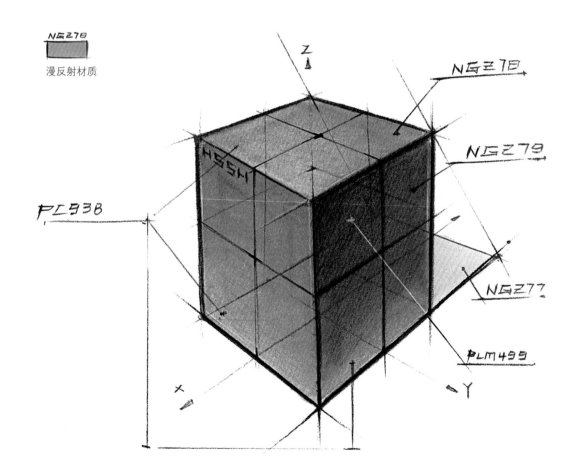

漫反射材质

NG278

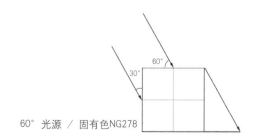

60°光源 ／ 固有色NG278

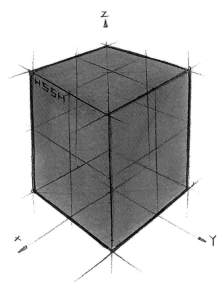

（1）先用固有色色号整体平涂，注意笔触要充分叠加。

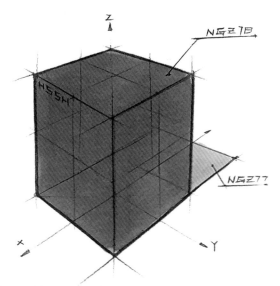

（2）可选择NG277绘制投影，拉开物体与投影的明度对比。

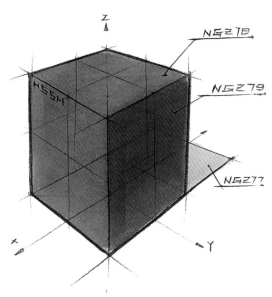

（3）选择NG279绘制暗部，注意色阶的过渡与柔和。

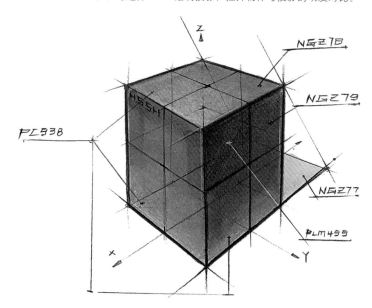

（4）用霹雳马938提高亮面及反光区域明度，再用辉柏嘉499或霹雳马935绘制暗面上半部分。在得到正确明暗关系的同时，一举两得地绘制出了漫反射材质的凹凸颗粒质感。

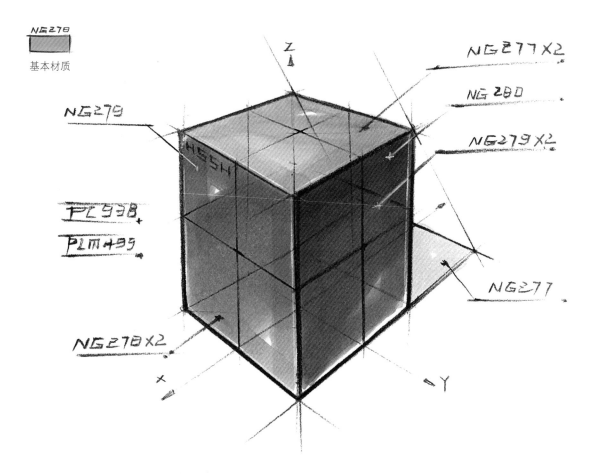

NG278

基本材质

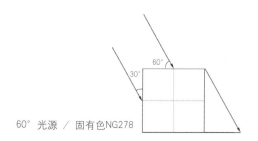

60° 光源 ／ 固有色NG278

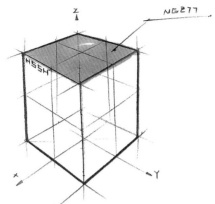

（1）选择比固有色浅的NG277，绘制受60°光的顶面。

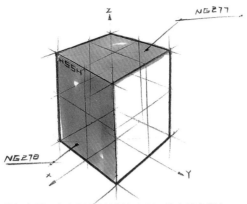

（2）先用固有色NG278绘制左立面，注意适当留白。

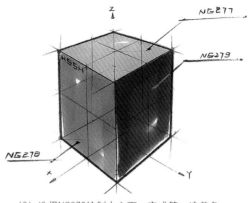

（3）选择NG279绘制右立面，完成第一遍着色。

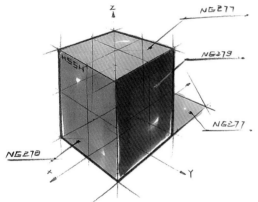

（4）选择NG277绘制投影，绘制完后立方体的着色基本干透。

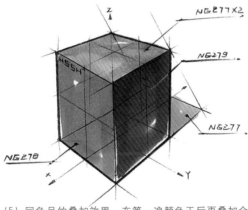

（5）同色号的叠加效果，在第一遍颜色干后再叠加会更好。继续用NG277叠加顶面后半部，塑造层次。

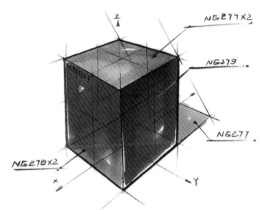

（6）继续用NG278叠加左立面，得到比固有色深的明暗层次，叠加时注意上重下轻。

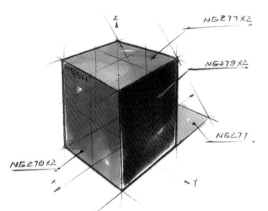

（7）继续用NG279叠加右立面，得到明度更深的暗面，同样要注意上重下轻。

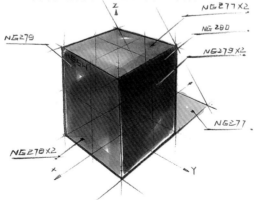

（8）选择NG280绘制明暗交界处，如遇过渡不柔和，再用NG279在不柔和的交接处进行柔和。

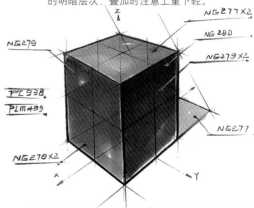

（9）最后，先用霹雳马938适当绘制高光，再用辉柏嘉499或霹雳马935强调线稿，这一步骤可借助尺规。

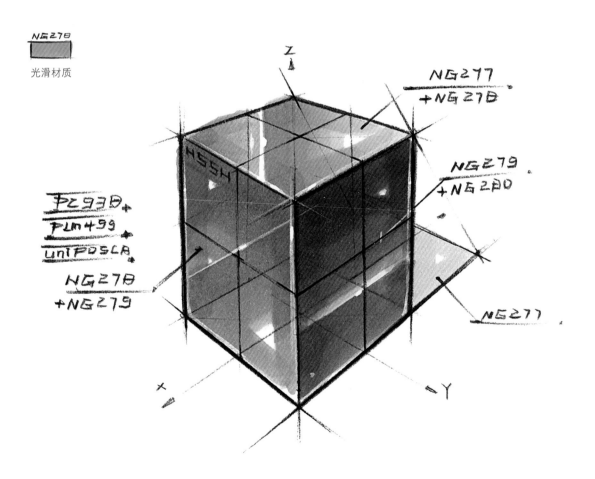

光滑材质

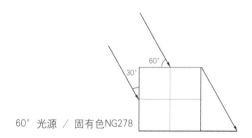

60° 光源 / 固有色NG278

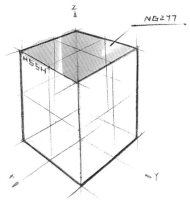

（1）选择NG277绘制顶面，墙面反射转折处留白，右侧可留出白色小三角，以增加透气感。

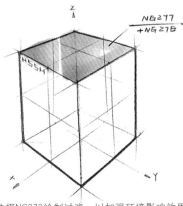

（2）再选择NG278绘制过渡，以加强环境影响效果。

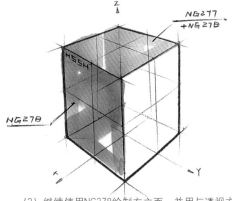

（3）继续使用NG278绘制左立面，并用与透视方向一致的笔触绘制桌面反射，注意留白。

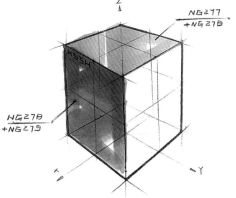

（4）选择NG279，绘制出上深下浅的明暗变化。

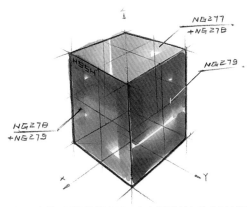

（5）选择NG279绘制暗面，在桌面反射与物品反射间，进行留白处理。

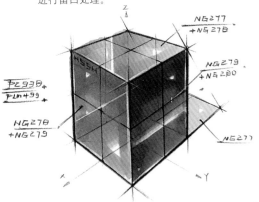

（6）选择NG280，绘制出暗面上深下浅的明暗变化。

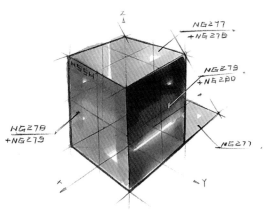

（7）选择NG277绘制投影，绘制完后立方体的着色基本干透。

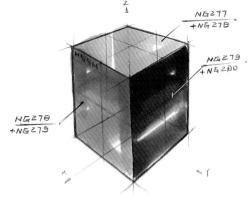

（8）先用霹雳马938绘制高光、反光，在马克笔着色干透后绘制，效果更佳；再用辉柏嘉499或霹雳马935强调线稿。

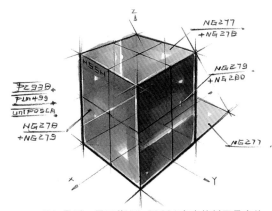

（9）最后，用三菱UNI-POSCA高光笔刻画最亮处，注意控制好近实远虚的节奏。

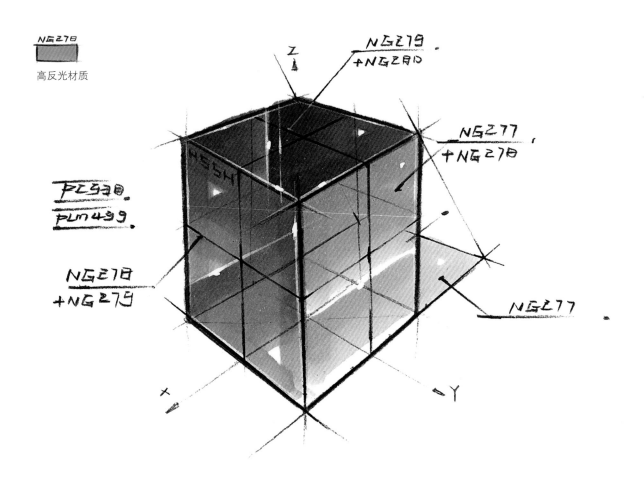

高反光材质

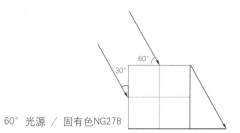

60° 光源 ／ 固有色NG278

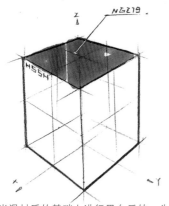

（1）在光滑材质的基础上进行黑白反转，先选择NG279绘制顶面，墙面反射转折处留白。

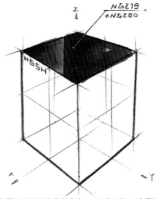

（2）再选择NG280绘制过渡，以加强环境影响效果。

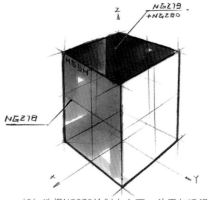

（3）选择NG278绘制左立面，并用与透视方向一致的笔触绘制桌面反射，注意留白。

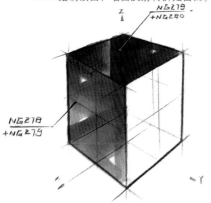

（4）选择NG279，绘制出上深下浅的明暗变化。

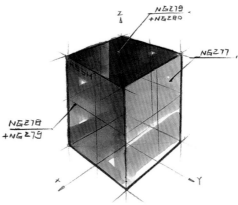

（5）选择NG277绘制经黑白反转后的暗面，在桌面反射与物品反射间，进行留白处理。

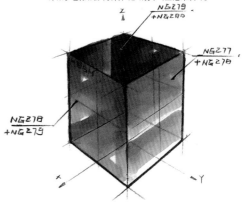

（6）选择NG278，绘制出暗面上深下浅的明暗变化。

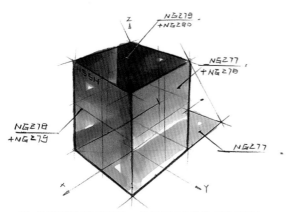

（7）选择NG277绘制投影，绘制完后立方体的着色基本干透。

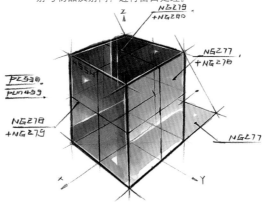

（8）先用霹雳马938绘制高光、反光，以及环境中的亮色在形体上的反射，再用辉柏嘉499或霹雳马935强调线稿。

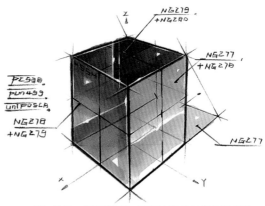

（9）最后，用三菱UNI-POSCA高光笔刻画最亮处，注意控制好近实远虚的节奏。

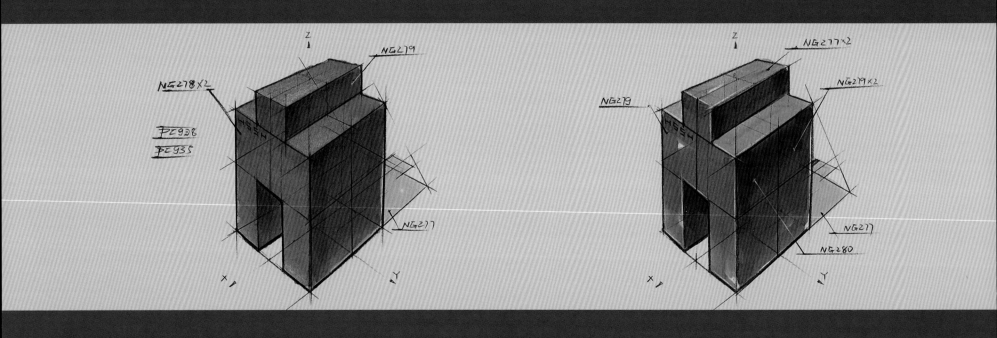

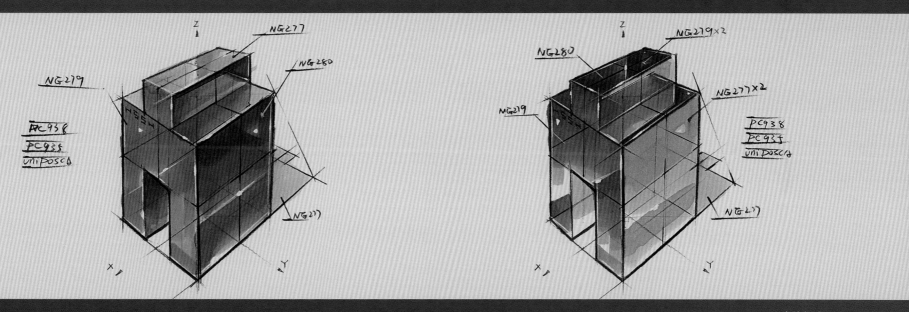

立方体加减

3. 立方体加减

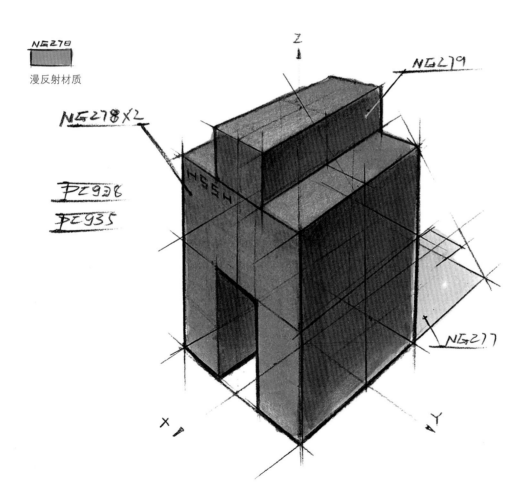

NG278
漫反射材质

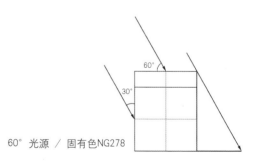

60° 光源 ／ 固有色NG278

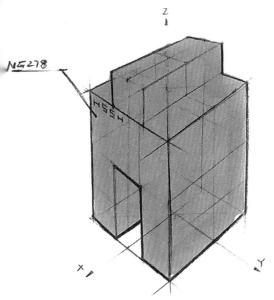

（1）先选择固有色NG278，对形体进行整体平涂。

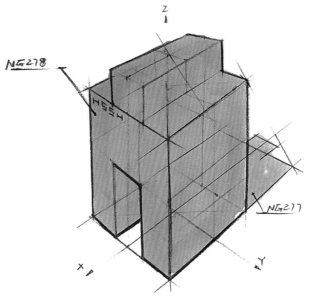

（2）选择NG277绘制投影，并待第一遍固有色干透。

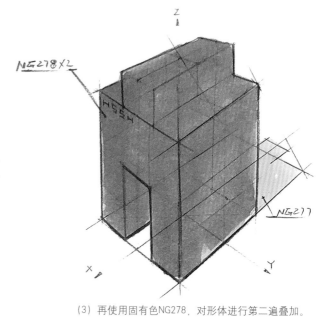

（3）再使用固有色NG278，对形体进行第二遍叠加。

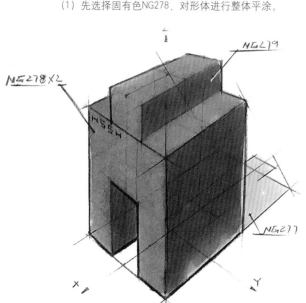

（4）选择NG279，对形体暗面进行绘制。如上图所示，该形体有三个面处于暗面，不要遗漏。

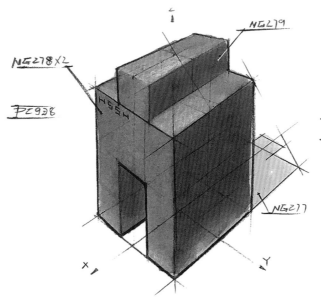

（5）用霹雳马938提高亮面及反光区域明度，同时塑造出凹凸颗粒质感。

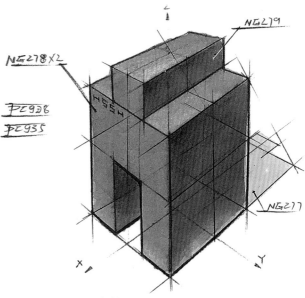

（6）用辉柏嘉499或霹雳马935绘制暗面上半部分，加深明暗交界并塑造暗部质感。最后，借助尺规加强线稿。

NG278

基本材质

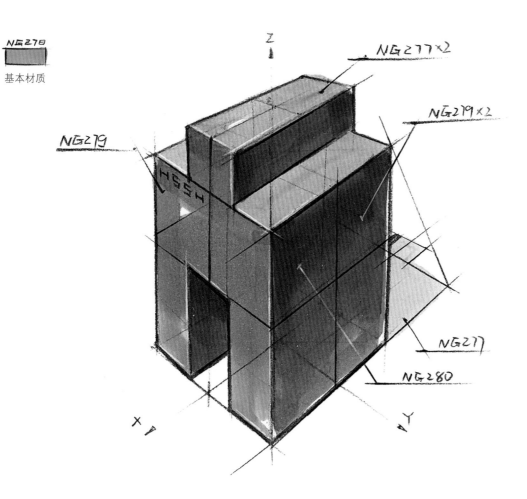

NG277×2

NG279×2

NG279

NG277

NG280

60° 光源 ／ 固有色NG278

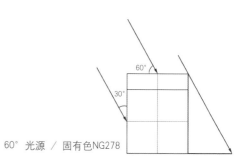

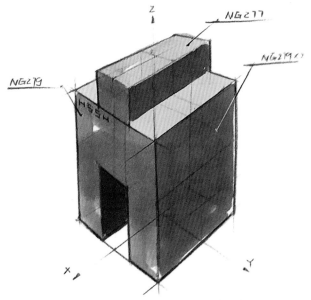

（1）选择合适的色号，绘制第一遍基本明暗。

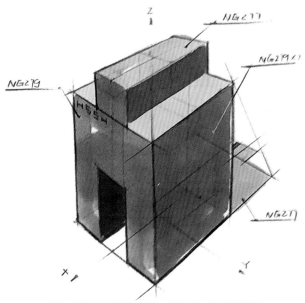

（2）选择NG277绘制投影，并待第一遍着色干透。

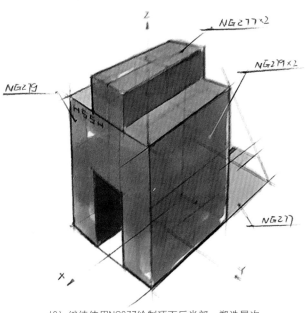

（3）继续使用NG277绘制顶面后半部，塑造层次。

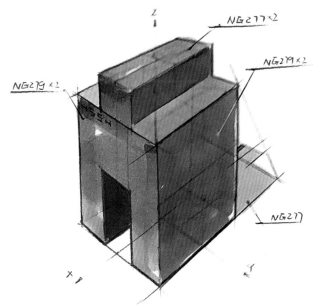

（4）选择NG279，对左立面上半部分进行叠加，略微塑造出上暗下亮的明暗变化。

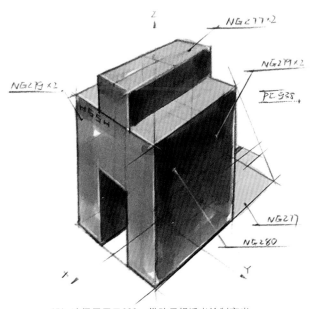

（5）选择霹雳马938，借助尺规适当绘制高光。

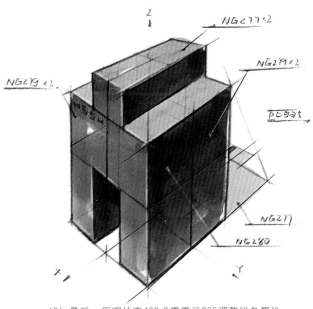

（6）最后，用辉柏嘉499或霹雳马935调整线条属性并加强线稿。

137

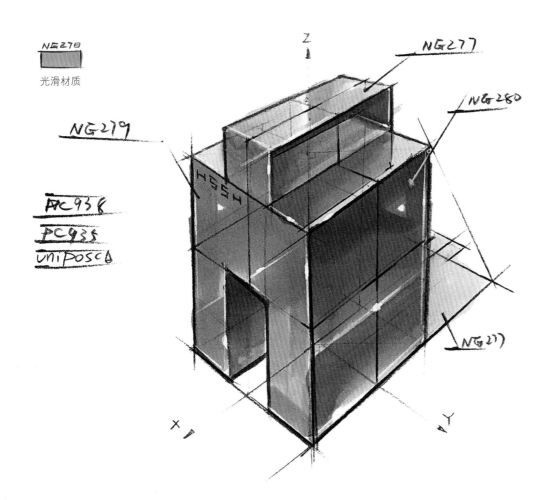

光滑材质

NG278

NG279

PC935
PC935
uniposca

NG277

NG280

NG277

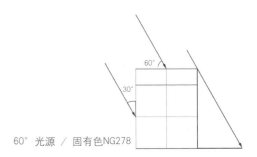

60° 光源 ／ 固有色NG278

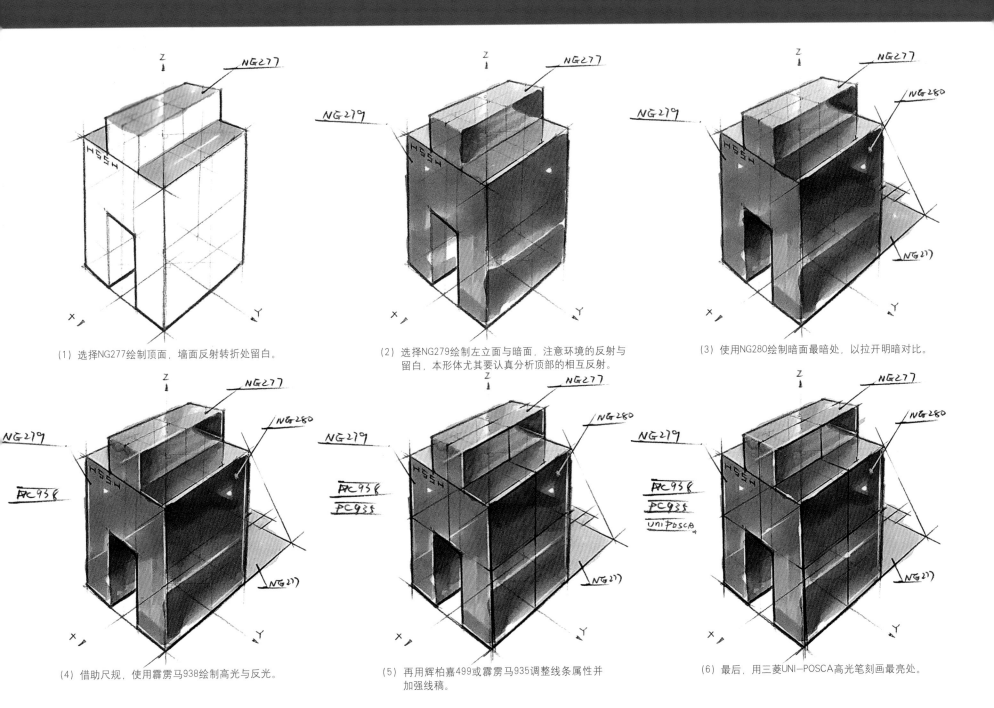

（1）选择NG277绘制顶面，墙面反射转折处留白。

（2）选择NG279绘制左立面与暗面，注意环境的反射与留白，本形体尤其要认真分析顶部的相互反射。

（3）使用NG280绘制暗面最暗处，以拉开明暗对比。

（4）借助尺规，使用霹雳马938绘制高光与反光。

（5）再用辉柏嘉499或霹雳马935调整线条属性并加强线稿。

（6）最后，用三菱UNI-POSCA高光笔刻画最亮处。

NG278

高反光材质

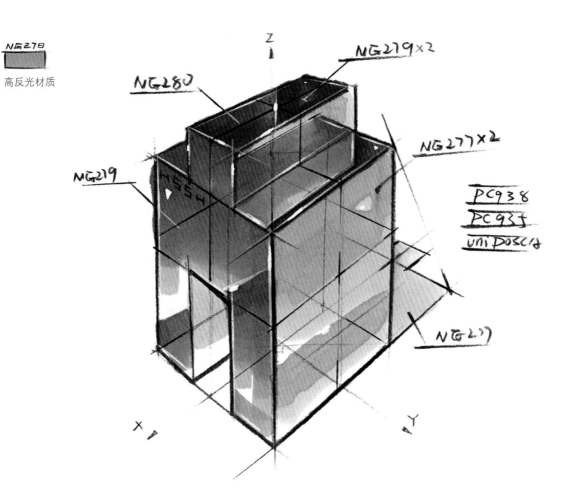

NG279×2

NG280

NG277×2

NG219

NG219

PC938
PC937
uniposca

Z

Y

X

60° 光源 ／ 固有色NG278

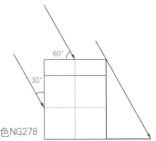

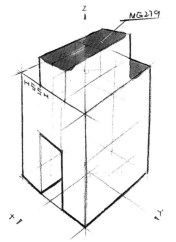

（1）在光滑材质的基础上，进行黑白反转，
先选择NG279绘制顶面，注意留白。

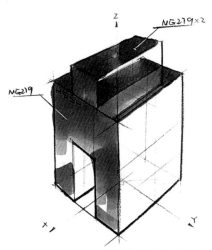

（2）继续用NG279绘制左立面，再对顶面进行
二次叠加，并绘制出顶部的相互反射。

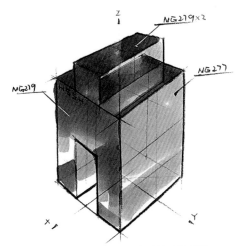

（3）选择NG277绘制经黑白反转后的暗面。

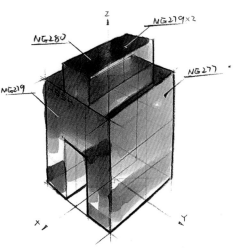

（4）选择NG280绘制顶面最暗处，注意柔和。

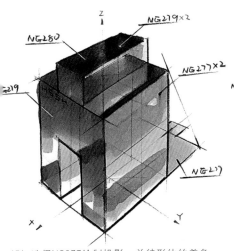

（5）选择NG277绘制投影，并待形体的着色
全部干透。

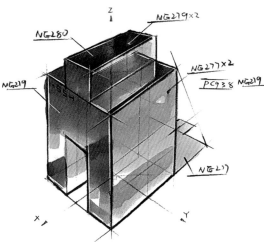

（6）借助尺规，用霹雳马938绘制高光与反光。

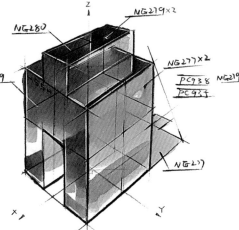

（7）再用辉柏嘉499或霹雳马935调整线条属性并
加强线稿。

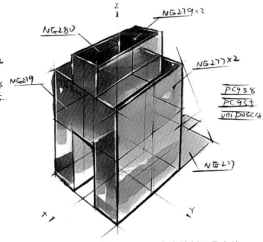

（8）最后，用三菱UNI-POSCA高光笔刻画最亮处。

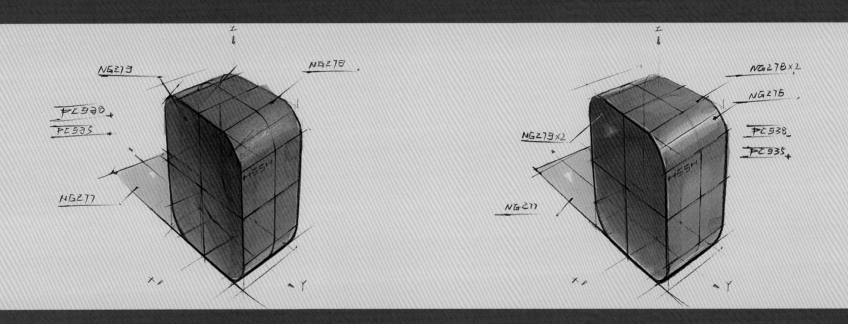

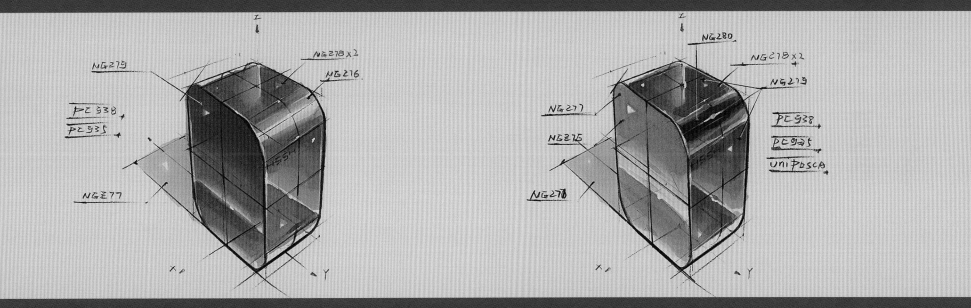

倒角长方体

4. 倒角长方体

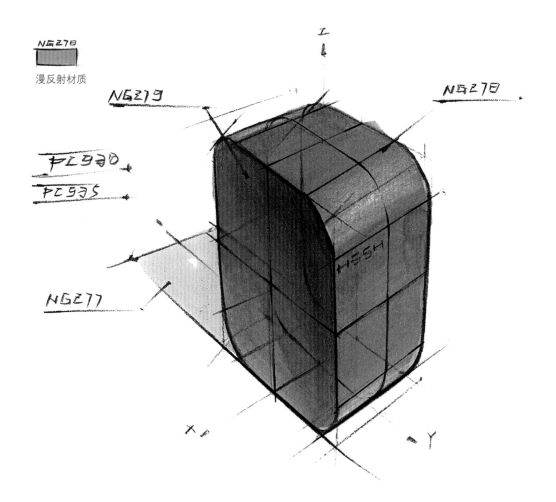

NG278

漫反射材质

45° 光源 ／ 固有色NG278

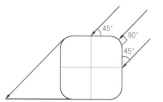

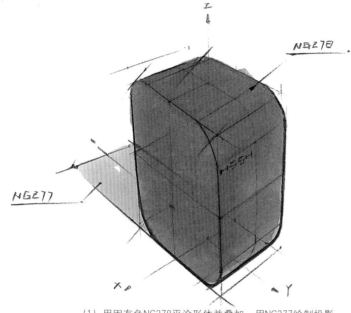

（1）用固有色NG278平涂形体并叠加，用NG277绘制投影。

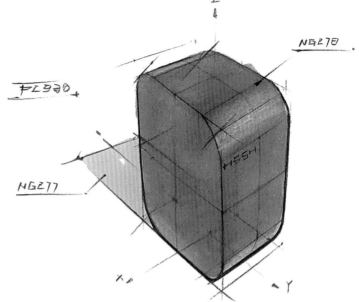

（2）用霹雳马938提高亮面及反光区域明度。

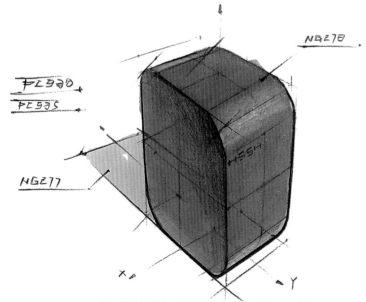

（3）再用辉柏嘉499或霹雳马935绘制暗面上半部分。

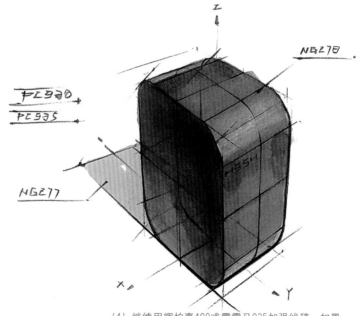

（4）继续用辉柏嘉499或霹雳马935加强线稿，如黑、白、灰色阶跨度不够，可再用马克笔调整，但要注意保障整洁。

NG278

基本材质

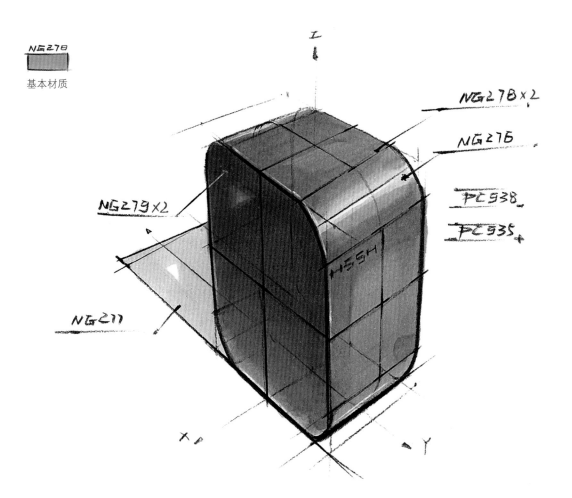

NG278×2

NG276

NG279×2

PC938

PC935

NG211

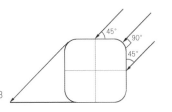

45° 光源 ／ 固有色NG278

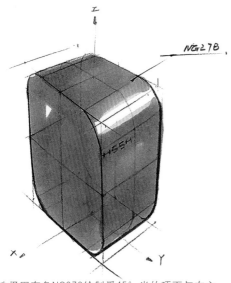

（1）选择固有色NG278绘制受45°光的顶面与右立面，并对暗面进行第一遍着色，注意适当留白。

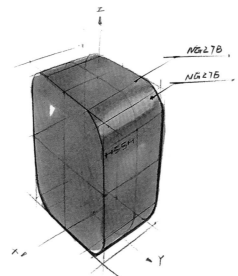

（2）选择NG276，绘制受90°光垂直照射的倒角。

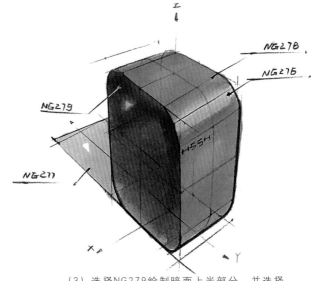

（3）选择NG279绘制暗面上半部分，并选择NG277绘制投影。

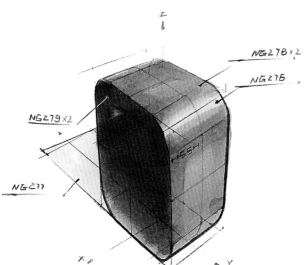

（4）对灰面与暗面进行第二遍叠加，塑造层次。

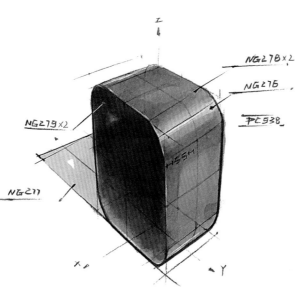

（5）选择霹雳马938，借助尺规适当绘制高光、反光。

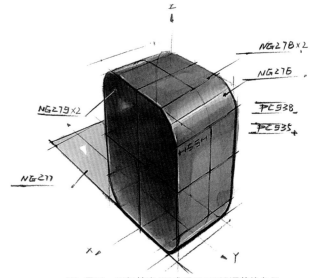

（6）最后，用辉柏嘉499或霹雳马935调整线条属性并加强线稿。

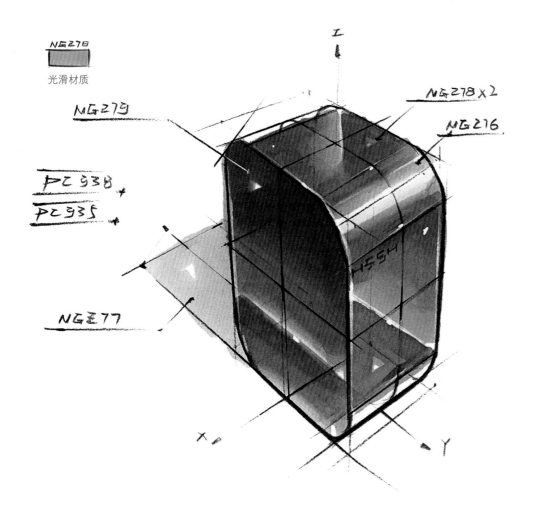

NG278
光滑材质

NG279

NG278×2

NG276

PC938

PC935

NG277

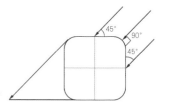

45° 光源 ／ 固有色NG278

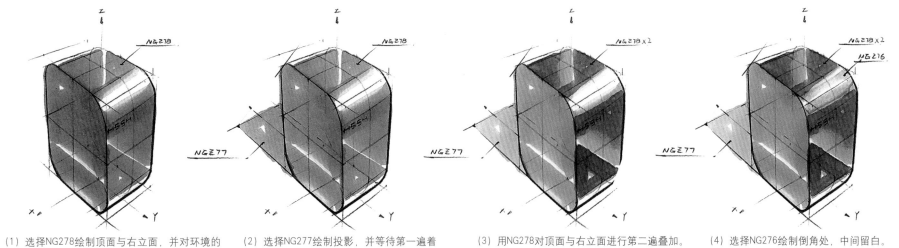

（1）选择NG278绘制顶面与右立面，并对环境的交界处进行留白，暗面进行第一遍着色。

（2）选择NG277绘制投影，并等待第一遍着色干透。

（3）用NG278对顶面与右立面进行第二遍叠加。

（4）选择NG276绘制倒角处，中间留白。

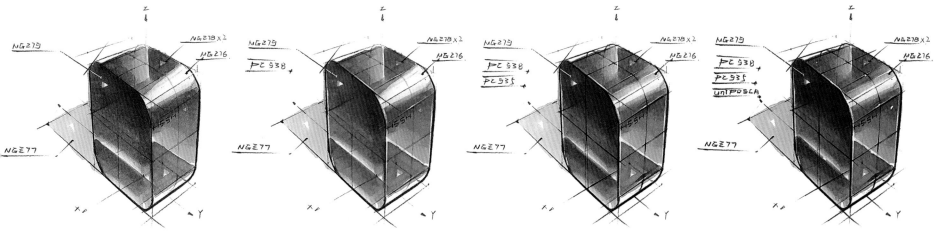

（5）选择NG279绘制暗面深色，并塑造好过渡。

（6）借助尺规，用霹雳马938绘制高光与反光。

（7）再用辉柏嘉499或霹雳马935调整线条属性并加强线稿。

（8）最后，用三菱高光笔刻画最亮处。

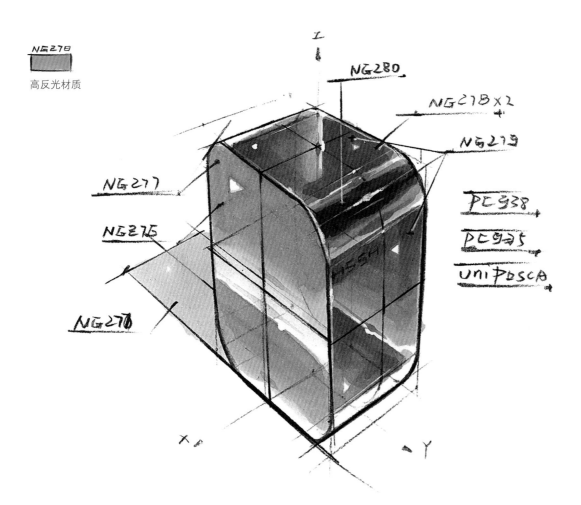

NG278

高反光材质

45° 光源 / 固有色NG278

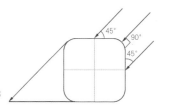

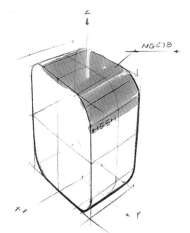

（1）选择NG278绘制顶面与倒角，注意留白。

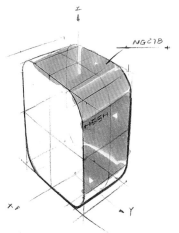

（2）继续绘制右立面，并有意识留出小三角，以增强图面的透气感。

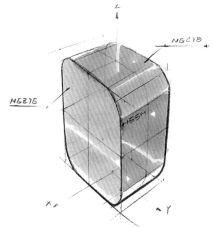

（3）选择NG276，绘制经黑白反转后的暗面。

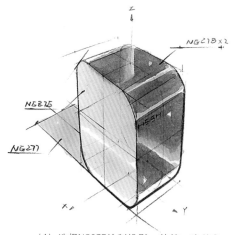

（4）选择NG277绘制投影，待第一遍着色干透后，选择NG278对顶面、右立面与倒角进行叠加。

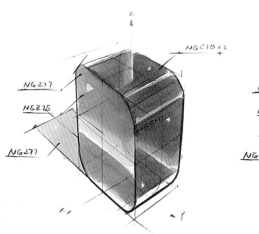

（5）选择NG277绘制暗面深色，并塑造好过渡。

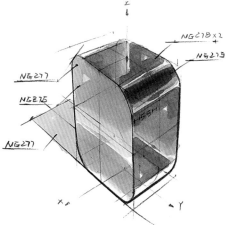

（6）选择NG279，绘制经黑白反转后的倒角。

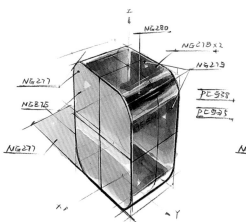

（7）选择NG280，加深倒角。借助尺规，用霹雳马938绘制高光与反光，再用辉柏嘉499或霹雳马935调整线条属性并加强线稿。

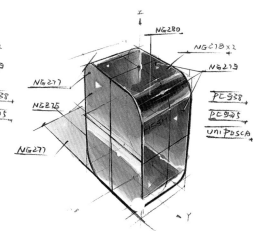

（8）调整图面，并用三菱高光笔刻画最亮处。

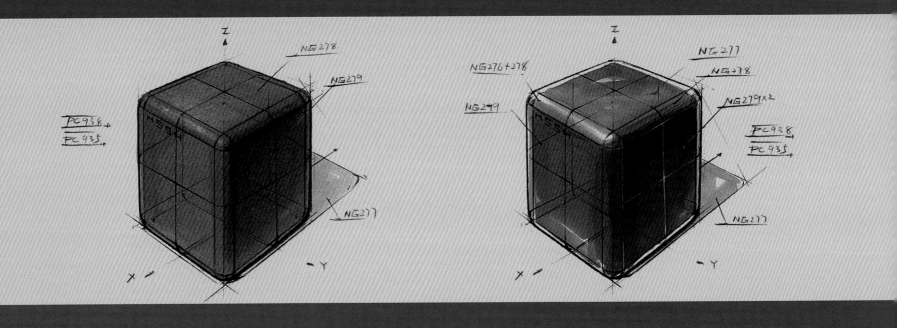

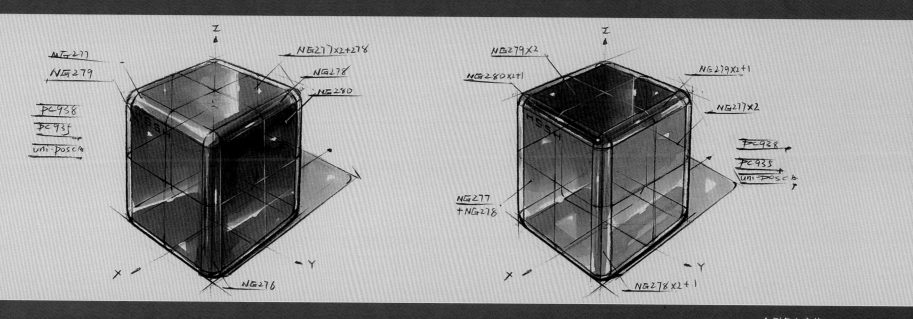

全倒角立方体

5. 全倒角立方体

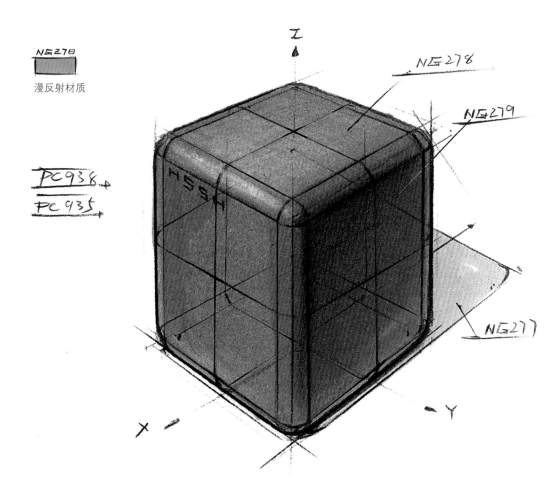

漫反射材质

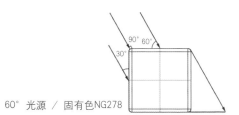

60°光源 / 固有色NG278

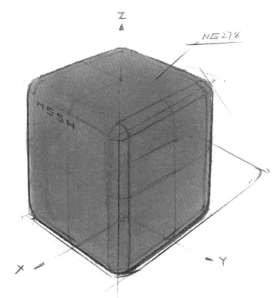

（1）选择固有色NG278平涂形体并叠加，无须留白。

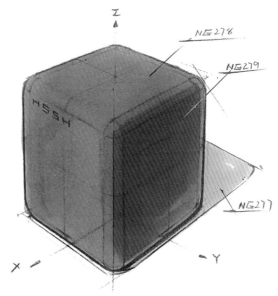

（2）选择NG279绘制暗面上半部及倒角过渡，再选择NG277绘制投影。

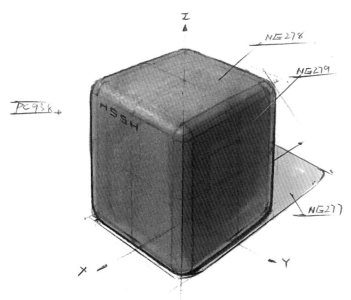

（3）用霹雳马938提高亮面及反光区域明度。

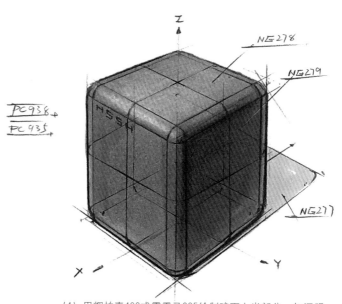

（4）用辉柏嘉499或霹雳马935绘制暗面上半部分，加深明暗交界并塑造暗部质感。最后，借助尺规加强线稿。

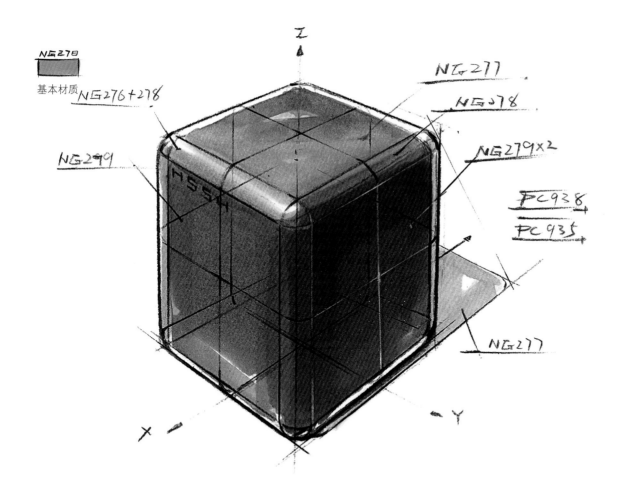

NG278

基本材质 NG276+278

NG277

NG278

NG299

NG279×2

PC938

PC935

NG277

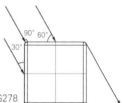

60° 光源 / 固有色NG278

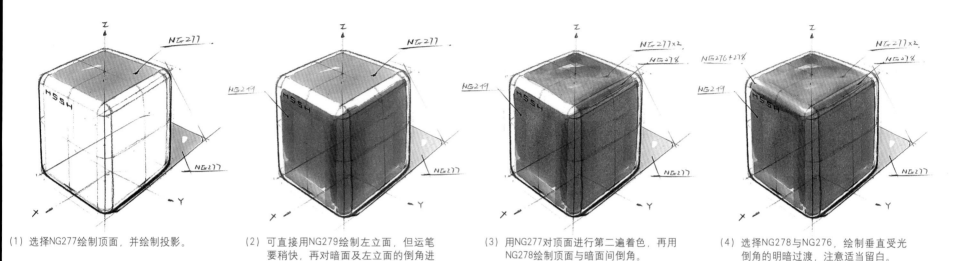

（1）选择NG277绘制顶面，并绘制投影。

（2）可直接用NG279绘制左立面，但运笔要稍快，再对暗面及左立面的倒角进行第一遍着色。

（3）用NG277对顶面进行第二遍着色，再用NG278绘制顶面与暗面间倒角。

（4）选择NG278与NG276，绘制垂直受光倒角的明暗过渡，注意适当留白。

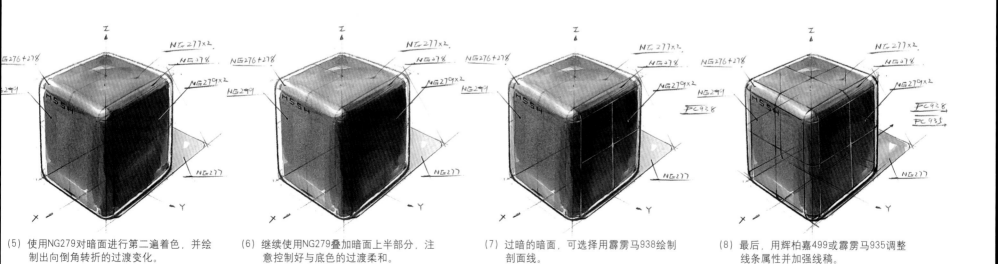

（5）使用NG279对暗面进行第二遍着色，并绘制出向倒角转折的过渡变化。

（6）继续使用NG279叠加暗面上半部分，注意控制好与底色的过渡柔和。

（7）过暗的暗面，可选择用霹雳马938绘制剖面线。

（8）最后，用辉柏嘉499或霹雳马935调整线条属性并加强线稿。

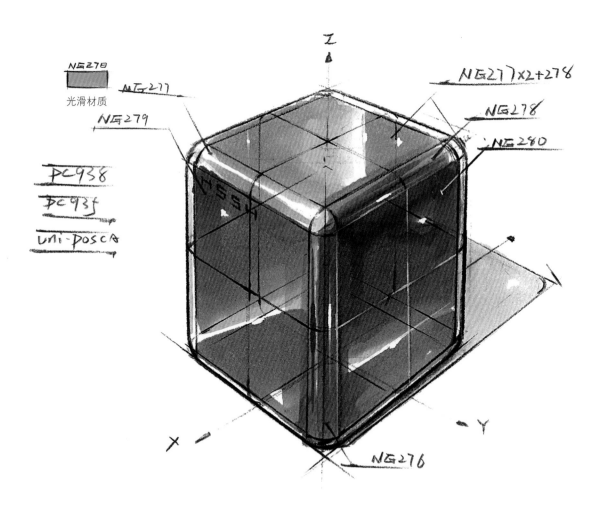

NG278
光滑材质

NG277
NG279

PC938
PC935
uni-posca

NG277x2+278
NG278
NG280

NG276

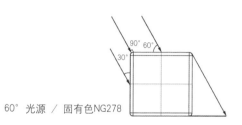

60°光源 / 固有色NG278

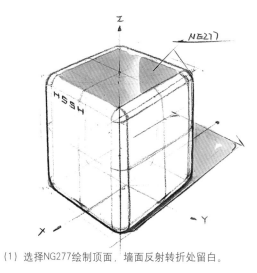

（1）选择NG277绘制顶面，墙面反射转折处留白。

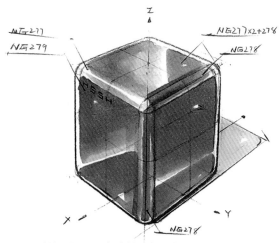

（2）选择NG279绘制左立面与暗面，注意环境的反射与留白。

（3）用NG277先绘制受光强的倒角，注意中间需留白，继续叠加顶面，并用NG278加深顶面，再使用NG278绘制倒角。

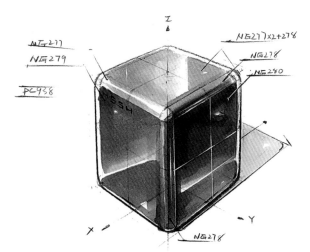

（4）选择NG280绘制暗面上半部，并过渡到倒角，使用霹雳马938绘制暗部剖面线及倒角高光。

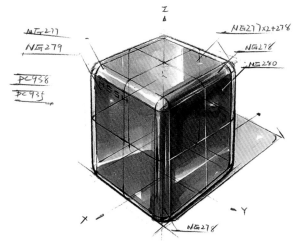

（5）使用辉柏嘉499或霹雳马935调整线条属性并加强线稿。

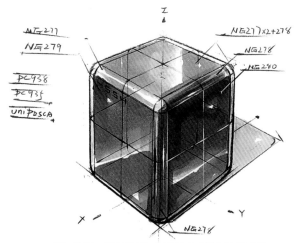

（6）最后，用三菱UNI-POSCA高光笔刻画最亮处。

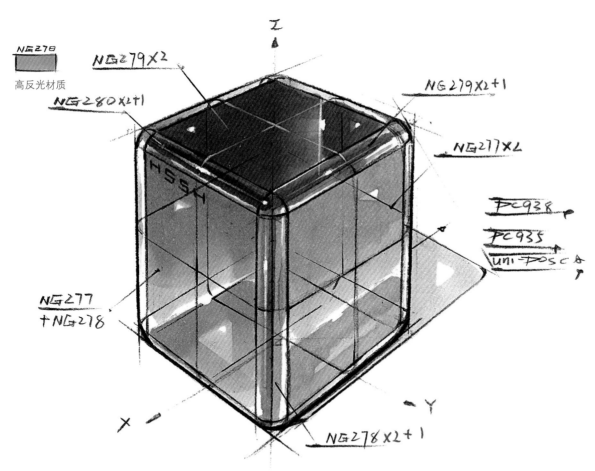

NG278
高反光材质

NG279X2

NG279X2+1

NG280X2+1

NG277X2

NG277
+NG278

PC938
PC935
uni POSCA

NG278X2+1

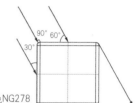

60° 光源 / 固有色NG278

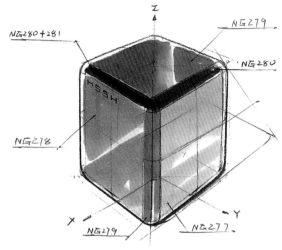

（1）在光滑材质基础上进行黑白反转分析，并绘制第一遍颜色。倒角用比相接面更深的颜色绘制，如受光最强的左侧倒角，用NG280+281进行绘制。

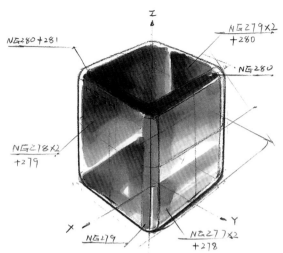

（2）先用第一遍颜色对顶面与左立面进行叠加，再选择深一阶色号绘制出更强的环境反射效果。如顶面，先用NG279叠加，再用NG280绘制更暗处。

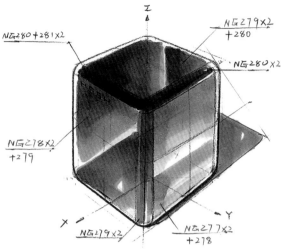

（3）绘制投影，并对倒角进行二次叠加，以塑造过渡。

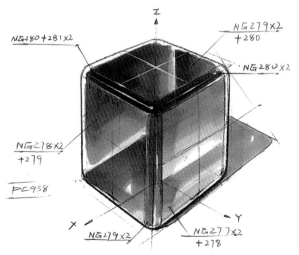

（4）使用霹雳马938绘制深色区域剖面线，并绘制出高光、反光。

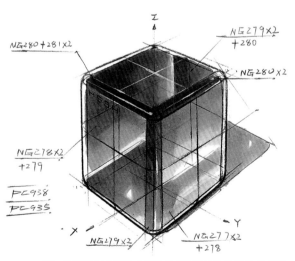

（5）使用辉柏嘉499或霹雳马935调整线条属性并加强线稿。

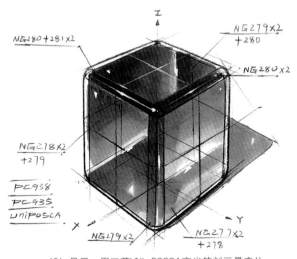

（6）最后，用三菱UNI-POSCA高光笔刻画最亮处。

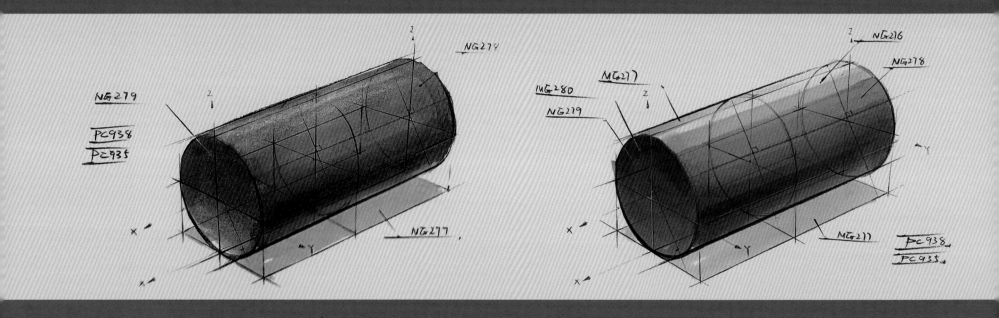

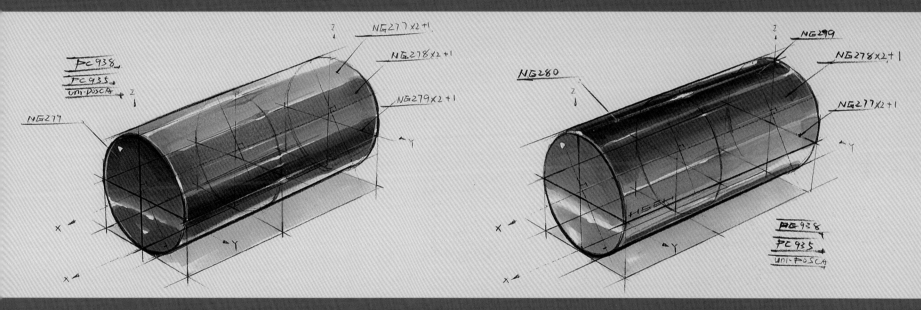

圆柱体

6. 圆柱体

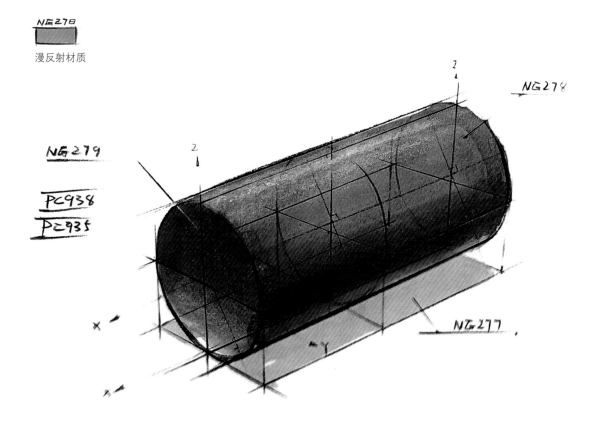

NG278

漫反射材质

90° 光源 / 固有色NG278

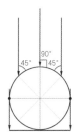

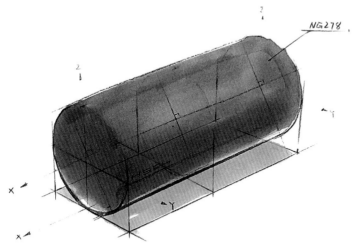

（1）先用固有色色号整体平涂，注意笔触要充分叠加。

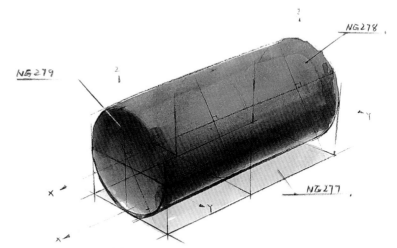

（2）选择NG277绘制投影，选择NG279绘制圆周上的明暗交界以及左立面上半部。

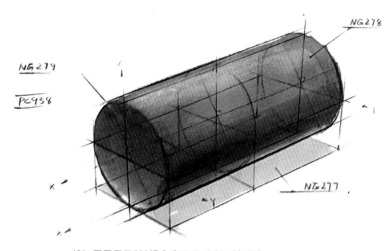

（3）用霹雳马938提高亮面及反光区域明度。

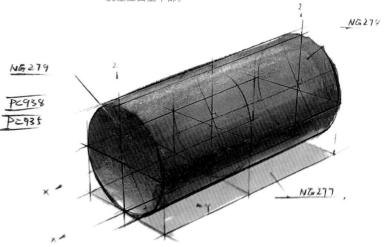

（4）再用辉柏嘉499或霹雳马935绘制暗面上半部分与圆周上的明暗交界，并借助尺规调整线稿。

NG278

基本材质

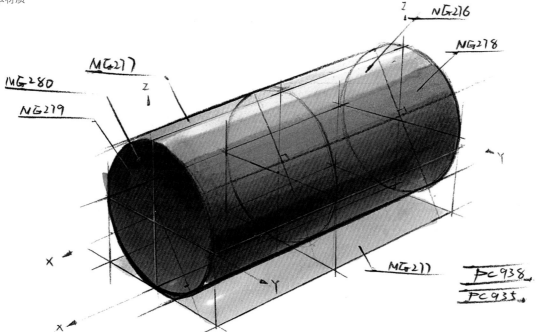

90° 光源 ／ 固有色NG278

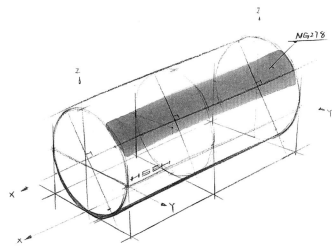

（1）分析出受光45°的区域，先用NG278绘制灰面。

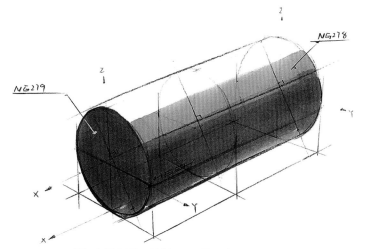

（2）选择NG279，绘制圆周上的明暗交界及左立面。

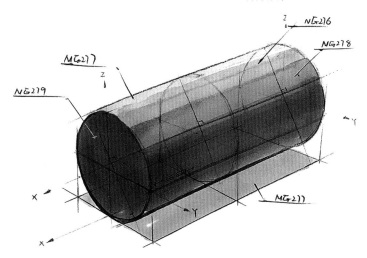

（3）选择NG276绘制亮面，受光垂直照射区域适当留白。再使用NG277绘制剩余空白区域。

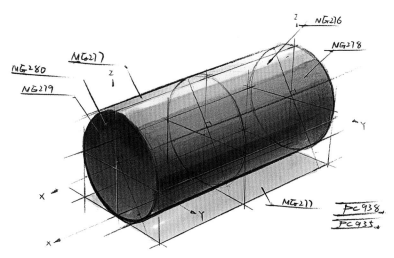

（4）左立面顶部可用NG280加强对比，马克笔着色完成后，使用霹雳马938绘制提亮受光强区域，绘制深颜色中的剖面线。最后，用辉柏嘉499或霹雳马935调整线稿。

NG278

光滑材质

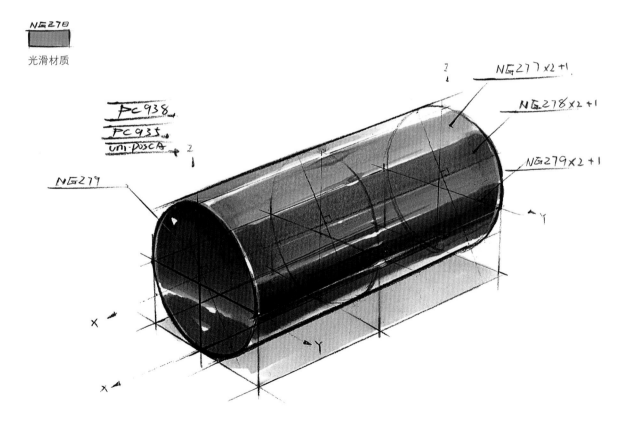

PC 938
PC 935
uni-POSCA

NG277x2+1
NG278x2+1
NG279x2+1

NG279

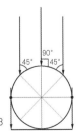

90° 光源 / 固有色NG278

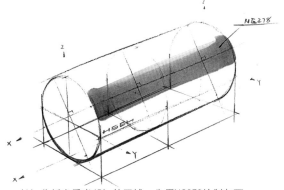

（1）分析出受光45°的区域，先用NG278绘制灰面。

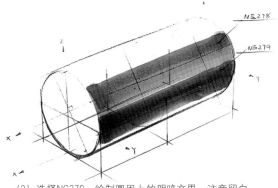

（2）选择NG279，绘制圆周上的明暗交界，注意留白。

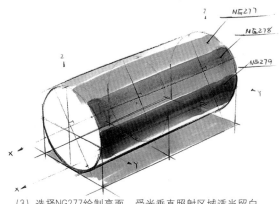

（3）选择NG277绘制亮面，受光垂直照射区域适当留白。

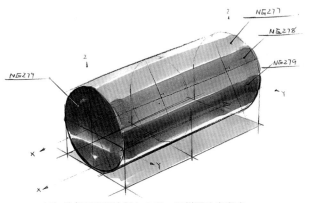

（4）选择NG279绘制左立面，同样要注意留白。

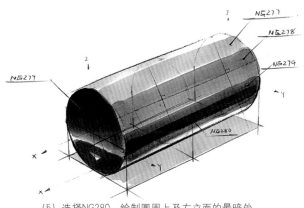

（5）选择NG280，绘制圆周上及左立面的最暗处。

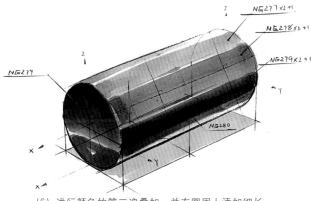

（6）进行颜色的第二遍叠加，并在圆周上添加细长笔触，以模拟环境在曲面上的反射。

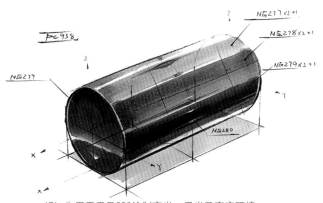

（7）先用霹雳马938绘制高光、反光及高亮环境。

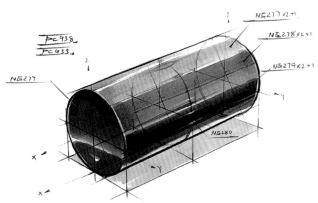

（8）再用辉柏嘉499或霹雳马935加强线条属性，调整线稿。

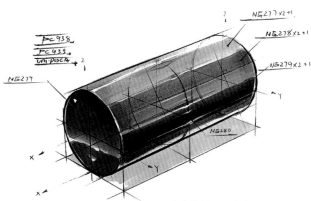

（9）最后，用三菱UNI-POSCA高光笔刻画最亮处。

169

高反光材质

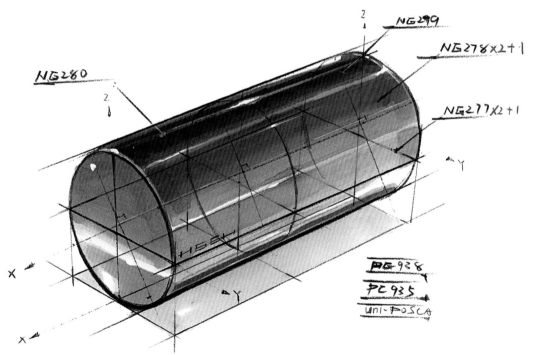

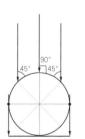

90°光源 / 固有色NG278

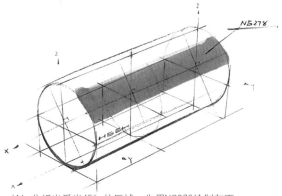

（1）分析出受光45°的区域，先用NG278绘制灰面。

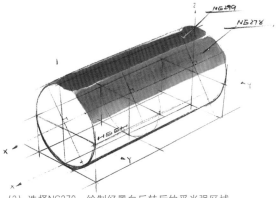

（2）选择NG279，绘制经黑白反转后的受光强区域。

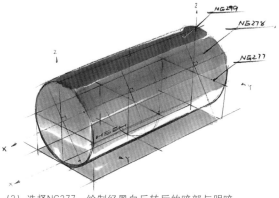

（3）选择NG277，绘制经黑白反转后的暗部与明暗交界区域。

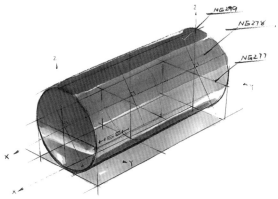

（4）对左立面进行二次叠加，并绘制出投影在圆柱上的反射。

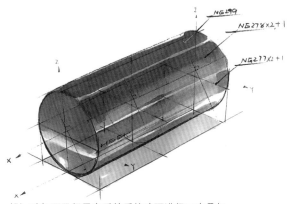

（5）对灰面及经黑白反转后的暗面进行二次叠加，并用细长马克笔笔触模拟弧面上的环境反射。

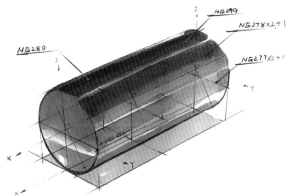

（6）选择NG280，绘制经黑白反转后的垂直受光处。

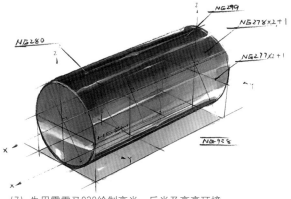

（7）先用霹雳马938绘制高光、反光及高亮环境。

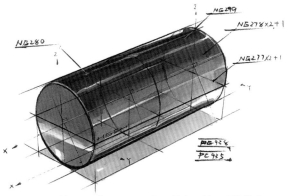

（8）再用辉柏嘉499或霹雳马935加强线条属性，调整线稿。

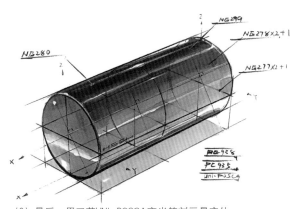

（9）最后，用三菱UNI-POSCA高光笔刻画最亮处。

二、纹理与肌理

纹理与肌理材质的绘制要点为，先分析其光滑与否及光滑程度的基础属性，在绘制好基础属性后再进行"贴图"。

以下方木纹材质为例，当其基础属性是漫反射材质时为粗糙木纹。如将其基本属性改为光滑，则会变成类似刷过清漆后的光滑木纹。而在"贴图"时需要特别注意的是，要符合整体透视与明暗，切忌直接"平贴"。

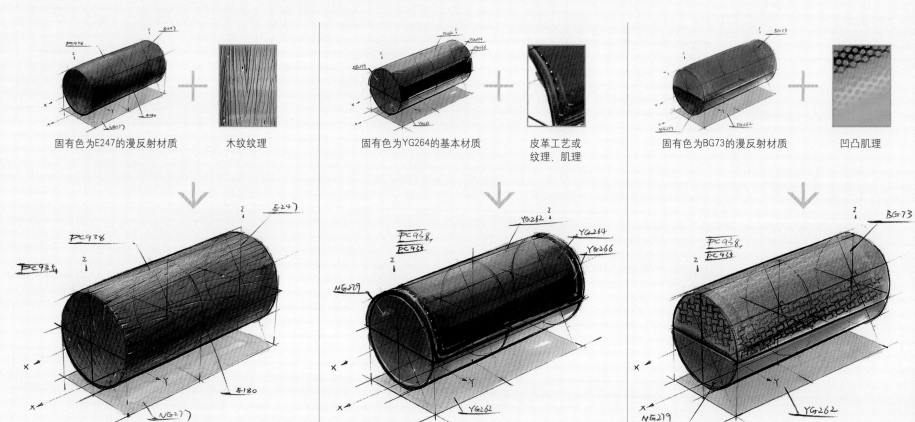

固有色为E247的漫反射材质　木纹纹理　　固有色为YG264的基本材质　皮革工艺或纹理、肌理　　固有色为BG73的漫反射材质　凹凸肌理

粗糙木纹材质基础属性设定为漫反射材质

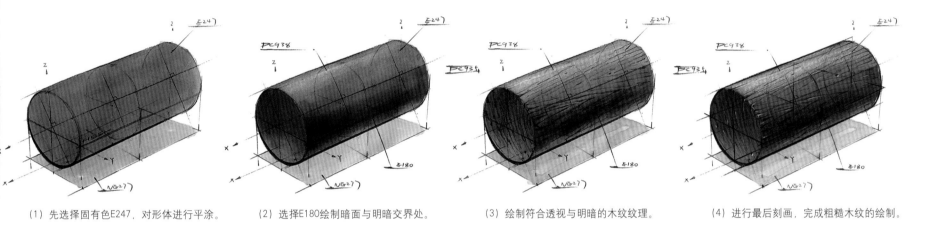

（1）先选择固有色E247，对形体进行平涂。　（2）选择E180绘制暗面与明暗交界处。　（3）绘制符合透视与明暗的木纹纹理。　（4）进行最后刻画，完成粗糙木纹的绘制。

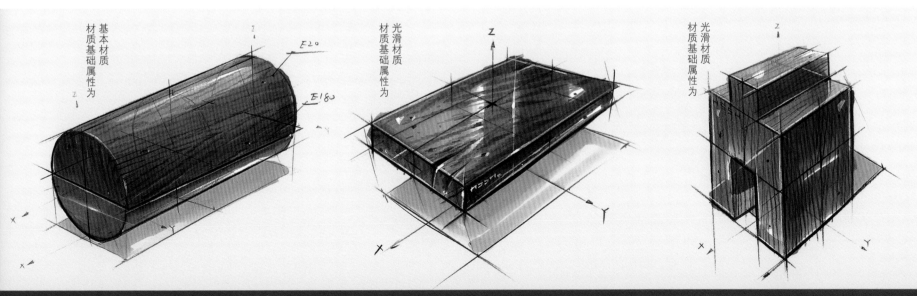

2. 皮革材质

皮革材质基础属性设定为基本材质

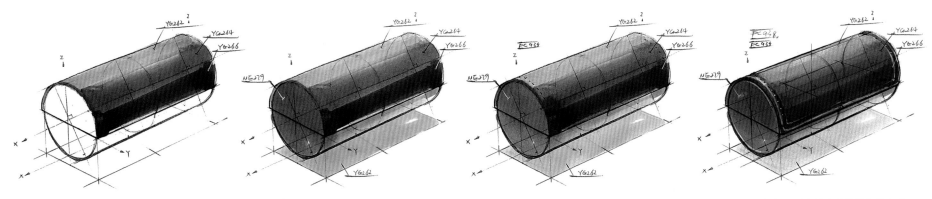

(1) 可先按基本材质绘制方法绘制出明暗。

(2) 绘制投影及其他结构。

(3) 使用辉柏嘉499或霹雳马935绘制出皮革缝线。

(4) 用高光工具绘制出缝线处起伏变化，并将垂直受光处提亮，再调整线稿。

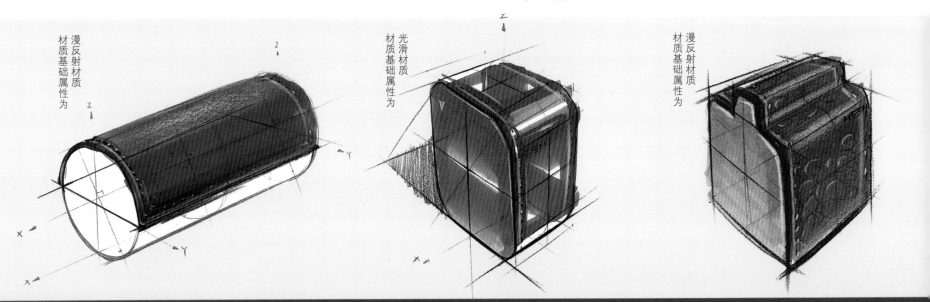

凹凸肌理材质基础属性设定为漫反射材质

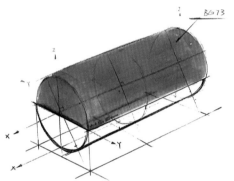 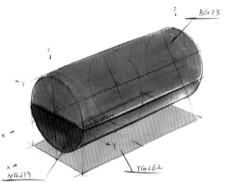 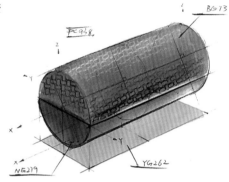 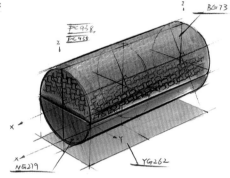

（1）先选择固有色BG73，对形体进行平涂。

（2）绘制投影及其他结构。

（3）将曲线材质板垫于纸张下方，使用彩铅绘制亮面与暗面，灰面不绘制。

（4）进行线稿调整，完成凹凸肌理材质的绘制。

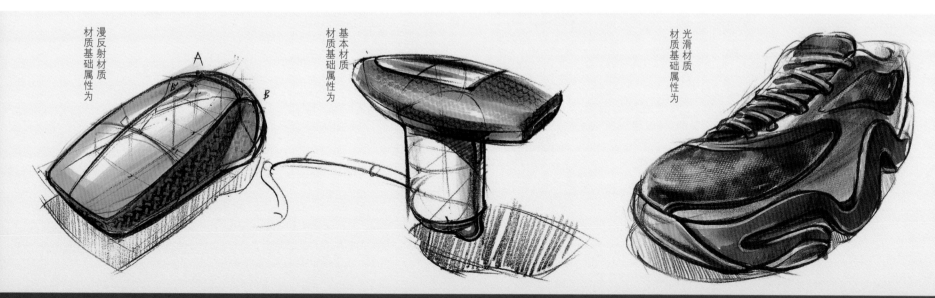

漫反射材质材质基础属性为

基本材质材质基础属性为

光滑材质材质基础属性为

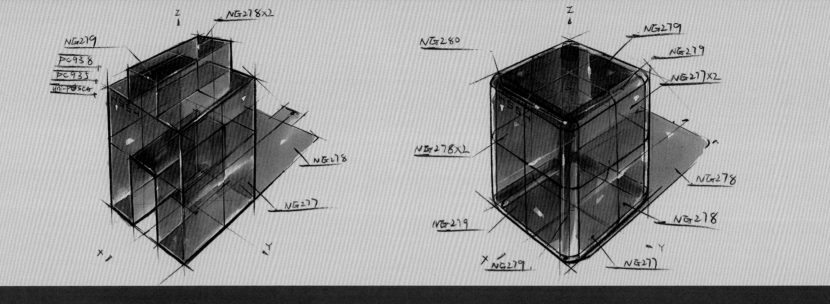

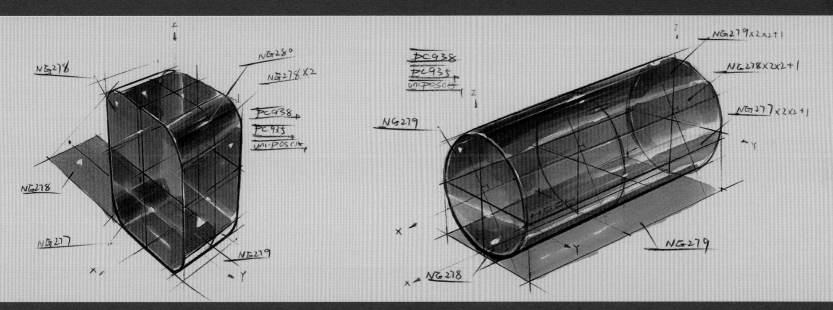

透明度

三、透明度

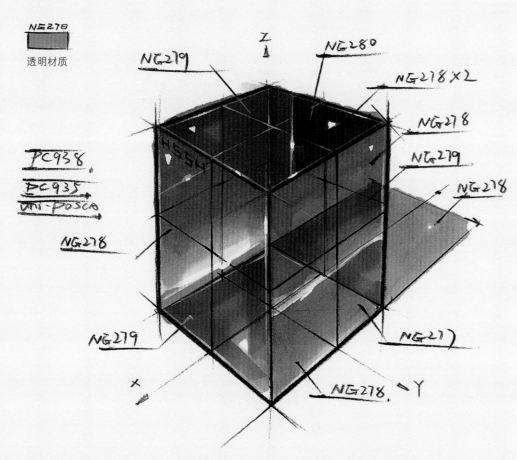

透明材质

45°的光源 / 固有色NG278

材质属性分析：
（1）光滑度分析
　　完全透明材质的基础属性为高反光材质，其与正常高反光材质的不同在于光线可穿透材质。故环境对完全透明材质的影响依然大于光，绘制时需要塑造环境的反射，光滑度则同样可用黑白反转的技法表达。
（2）明暗分析
　　不透明材质在正常光源照射下，亮、灰、暗面各跨 2 至 3 个色阶。透明材质因杂质、工艺、折射等因素影响，并非完全没有明暗关系，只是色阶跨度比不透明材质要更小。所以，在绘制时，我们仍然需要绘制出色阶跨度极小的明暗关系。
（3）透明叠加分析
　　因材质透明，在正常材质状态下不可见的面同样可透见。故在满足前两项的基础上，还需绘制出前后的叠加，其叠加技巧可借鉴 Photoshop 中的图层"正片叠底"效果。

*注：以上分析对象为完全透明材质，如光滑度降低后导致只有部分光线
　　可穿透物体，则变成了磨砂透明材质。相比完全透明材质，其受环
　　境影响会变小，明暗色阶跨度会增大，且不适合用黑白反转技法。

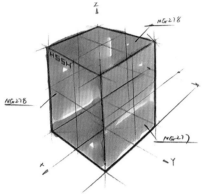

（1）选择NG278绘制固有色，并注意环境影响后的留白，再选择NG277绘制经黑白反转后的暗面。

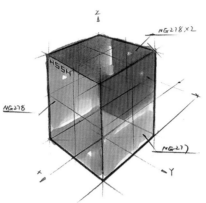

（2）计算顶面、右立面与后方可透见面的叠加。将后面可透见面的色阶，设定为与同样方向的前方直接受光面相同，再将叠加区域的前后颜色相加。

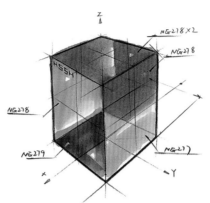

（3）继续计算左立面与底面的叠加。

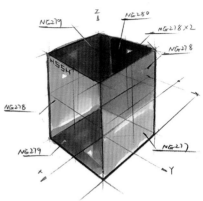

（4）调整顶面，并添加深色环境。

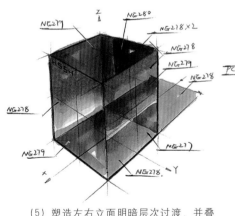

（5）塑造左右立面明暗层次过渡，并叠加投影。至此，已完成高反光光滑度、弱明暗对比及前后叠加效果的绘制。

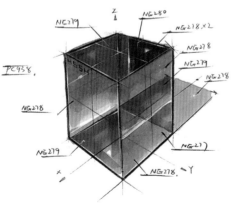

（6）使用霹雳马938绘制高光、反光，并适当绘制高亮环境在物体上的反射。

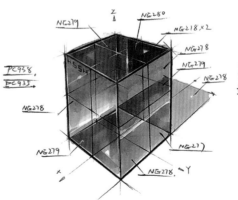

（7）使用辉柏嘉499或霹雳马935调整线条属性与线稿。

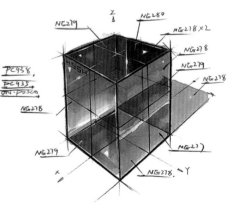

（8）最后，用三菱高光笔刻画最亮处。

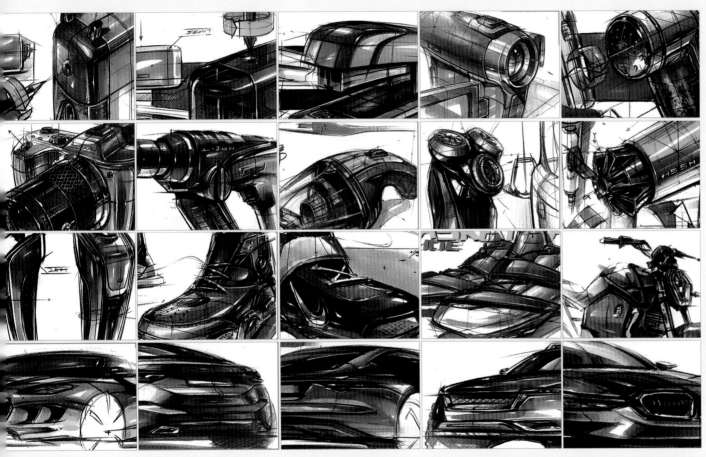

设计手绘是篇说明文，既要综合应用前文基础知识，表达清楚产品形态及设计本身；
也需要通过解释、诉说、分析等方式，向观众阐述来龙去脉，从而实现充分表达。

第四章 产品案例实战

第一节　实战基础

一、标注与指示箭头

1. 标注

A B C D E F G H I J K L M N
O P Q R S T U V W X Y Z

英文可用类似于电子显示的字体，进行压扁后书写，既可避免书写潦草，也能使图面更加严谨。如需书写中文则可用压扁后的宋体。

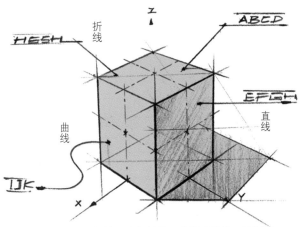

标注的引出可依据情况选择折线、直线或曲线，绘制时需要注意强调线条的起点、终点与转折点。

2. 指示箭头

指示箭头的作用在于，对产品功能、版面逻辑等内容进行阐述，可选择如右侧"胖嘟嘟"的箭头类型。同时要注意，在空间中绘制时，尽量与整体透视或产品透视相统一。

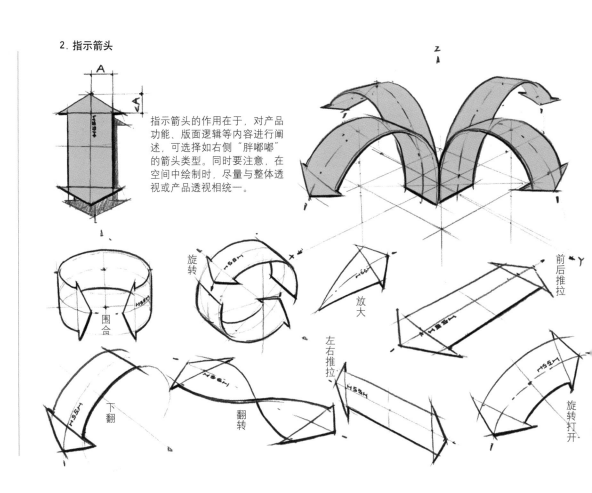

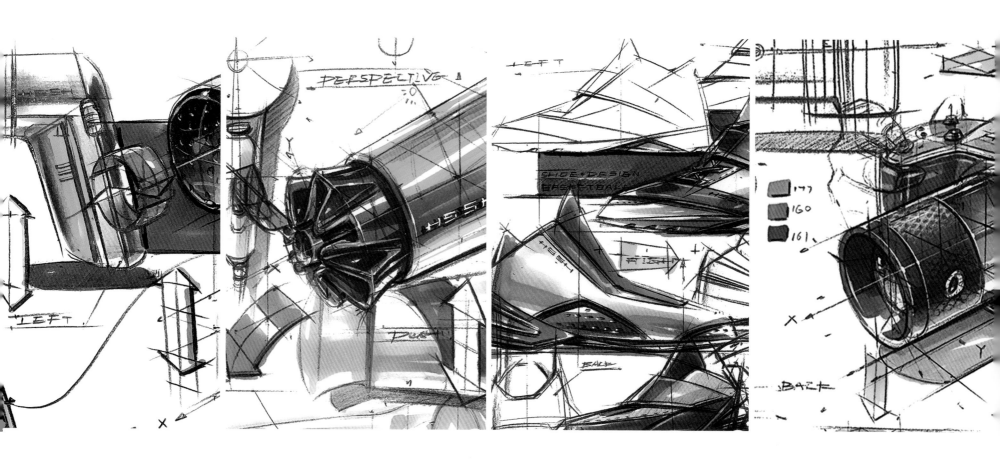

二、POP 字体

POP字体多用于标题与各层级目录的表达，相比其他形式，POP具有更图形化的表达效果，且风格多样。

1. 数字

1234567890 1234567890

2. 字母

A B C D E F G H I J K L M
N O P Q R S T U V W X Y Z

3. 汉字

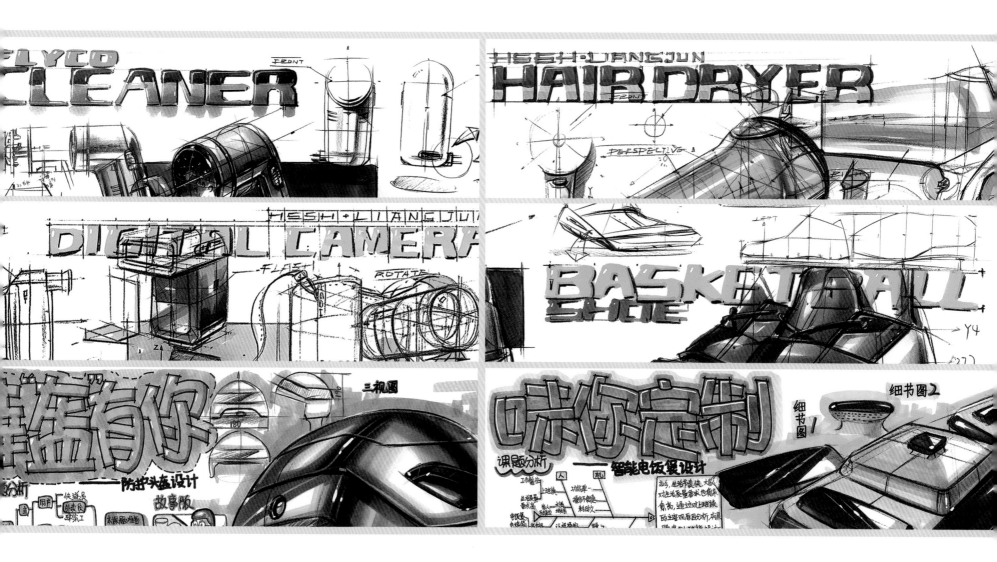

三、三视图与三维逻辑思维

三视图，不仅仅是版面中常出现的元素，更是我们进行设计方案推敲、透彻了解绘制对象的工具。换而言之，如果在绘制完一个产品形态后，我们推导不出三视图，则说明我们对绘制对象并不完全了解。这种不了解，也是导致我们不会多角度表达，甚至分析不好明暗关系的重要原因。

四、缺一不可的"天龙八步"

就产品本身而言，不会画或者画不好，除了基本功的原因外，绝大多数情况下是步骤程序及思维方法出现了问题。相对科学的方法，可以把线稿分四步，着色分四步，缺一不可。该方法，也被学生戏称为"天龙八步"。

线稿4步：

1.是什么（分析——通过三视图了解产品的尺寸、结构、比例、形态）

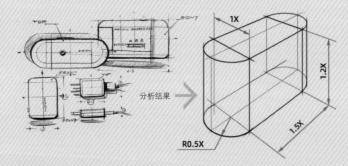

分析结果

2.怎么画（判断——如何"建模"？体建模？线建模？综合运用？）

绘制思路

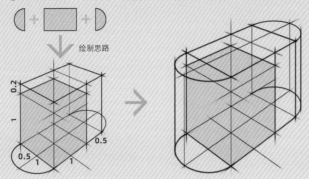

3.先画对（绘制——借助线条与透视的控制能力表达出分析结果，不要急于一步到位）

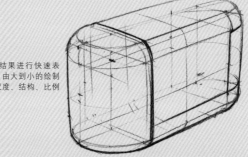

将前两步的分析与判断结果进行快速表达，遵循由整体到局部、由大到小的绘制思路，将重点放在整体尺度、结构、比例与形态上。

4.再画好（调整——刻画设计细节，设定光源并调整线条属性，以塑造视觉层次）

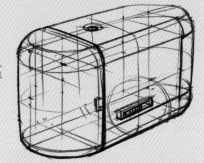

在基本形表达准确的基础上，将重点转入设计细节的刻画与线条属性的调整，完成表达充分、层次清晰的线稿绘制。

着色4步：

1.光在哪（分析——结合三视图与透视图，计算各个面的具体受光程度）

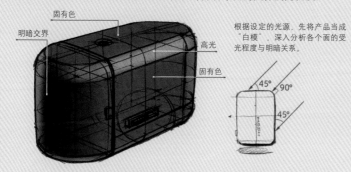

固有色
明暗交界
高光
固有色

根据设定的光源，先将产品当成
"白模"，深入分析各个面的受
光程度与明暗关系。

45° 90°
45°

2.色是什么（思考——为产品各部件设定颜色、材质，并分析其变化规律）

光滑材质/NG278
透明材质/NG279

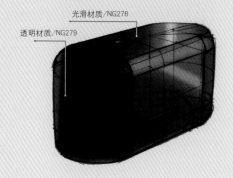

在得到基本明暗关系后，
再继续设定颜色、材质，
并构想出要绘制的效果。

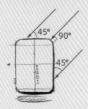

45° 90°
45°

3.先画对（绘制——借助马克笔将分析思考结果，进行快速、整体着色）

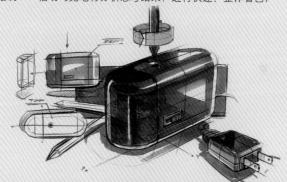

4.再画好（刻画——绘制高光、反光与高亮环境，最后调整、加强线稿）

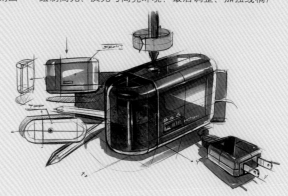

五、设计手绘是篇说明文

如果说传统绘画是一篇阳春白雪的散文或诗歌，那设计手绘就是一篇阐明事理的说明文。散文或诗歌，可以是梦想照进现实，也可以是现实渗透梦想；说明文则需要客观详尽地向读者解说好事物的特征、本质与规律。

常用版面元素：

1.主视角：最能表达设计信息或最能打动观众的视角。

2.辅助视角：重要程度次于主视角，为对设计信息进行补充说明的视角。

3.功能说明：详细阐述产品功能，通过指示箭头、人机交互、使用场景等方式表达。

4.局部放大图：主、辅视角无法表达清晰的重要设计信息时，通过局部放大的形式进行表达。

5.三视图：既是版面的构成元素，也是帮助我们将产品画"透"的重要工具。

6.分析图：设计构思记录草图、产品形体分析推敲图、爆炸图等。

7.背景板：用于塑造产品与空间的前后关系，并可对版面元素进行归类。

8.投影：用于塑造产品与空间的上下关系，或产品之间的位置关系。

9.POP字体：绘制标题及各层级目录。

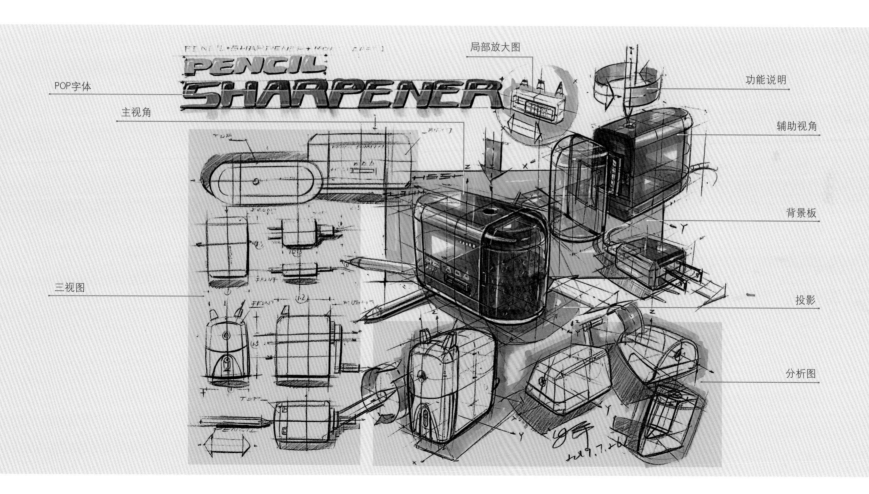

POP字体

主视角

三视图

局部放大图

功能说明

辅助视角

背景板

投影

分析图

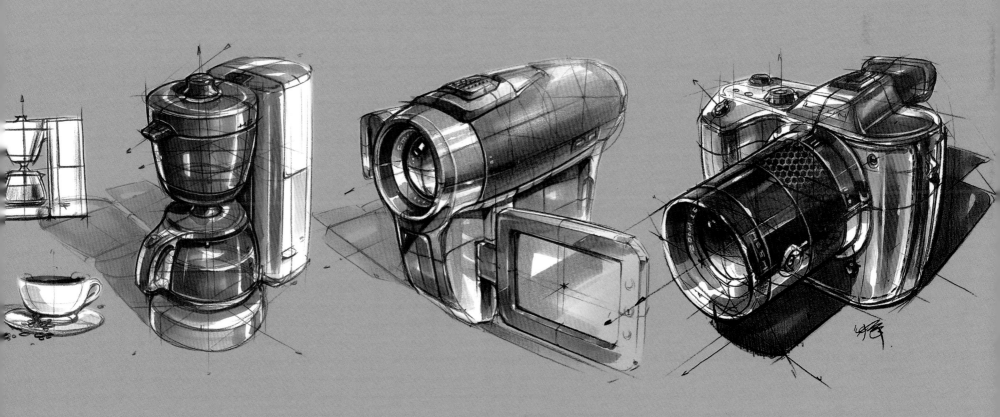

体建模产品实战

一、几何形体加减

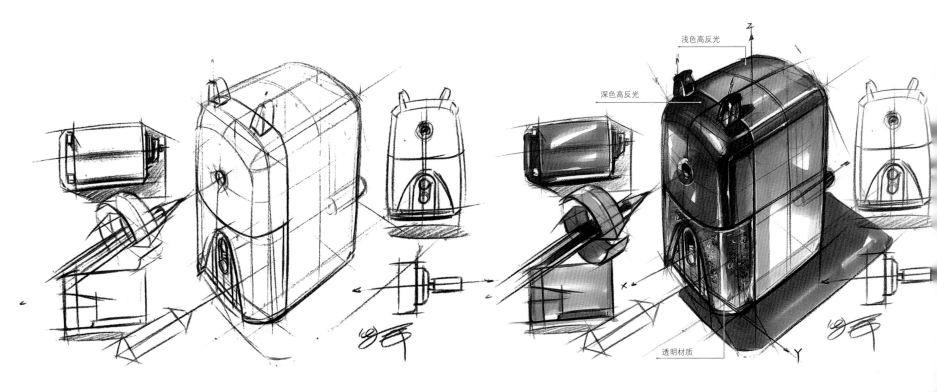

浅色高反光

深色高反光

透明材质

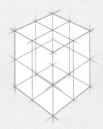

依据三视图得出尺寸，或自行设定尺寸，
以立方体透视为尺寸基础进行形体拓展，
得出基本形后再进行加减、倒角等工作。

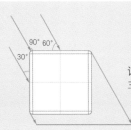

该卷笔刀选择了与顶面成60°的光源，
主要材质为高反光材质与透明材质。

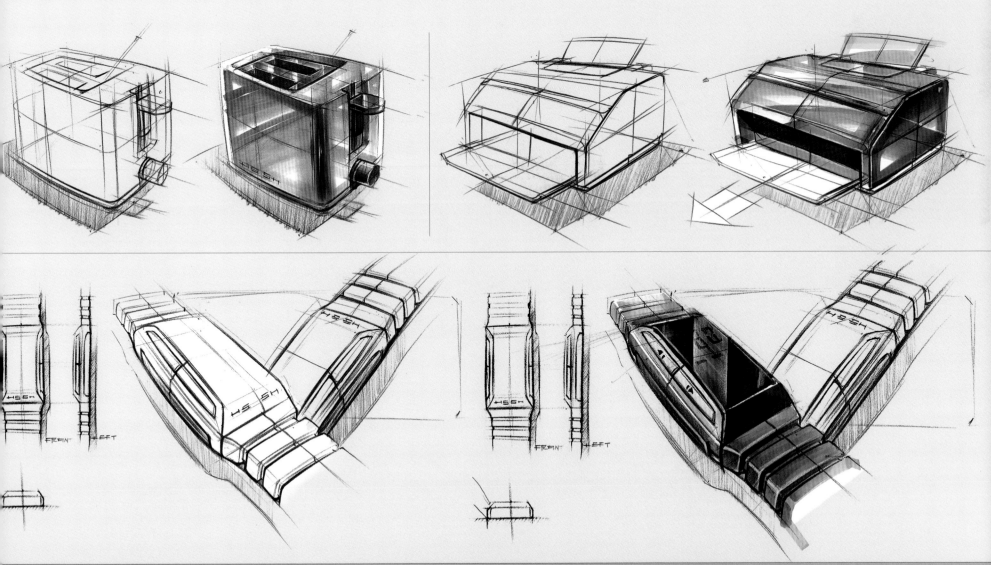

PENCIL·SHARPENER+MODEL CASE1

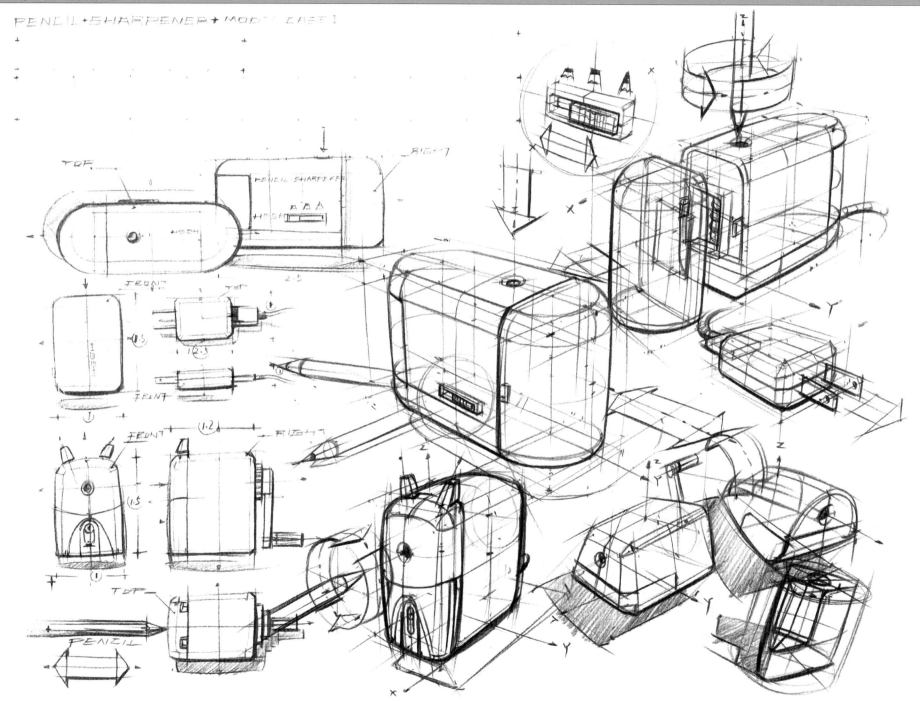

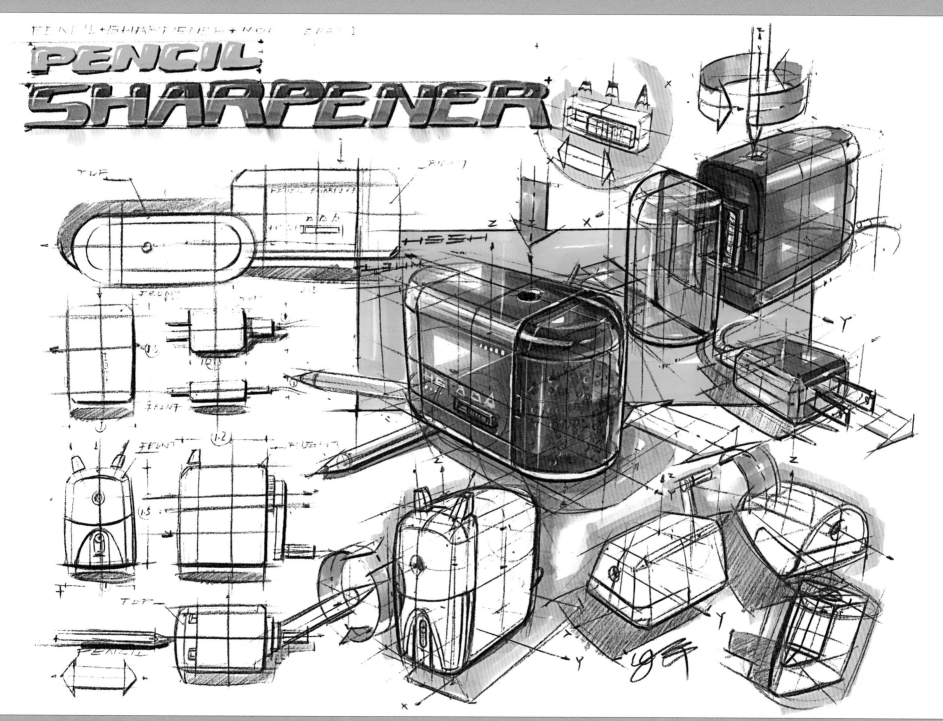

PENCIL SHARPENER

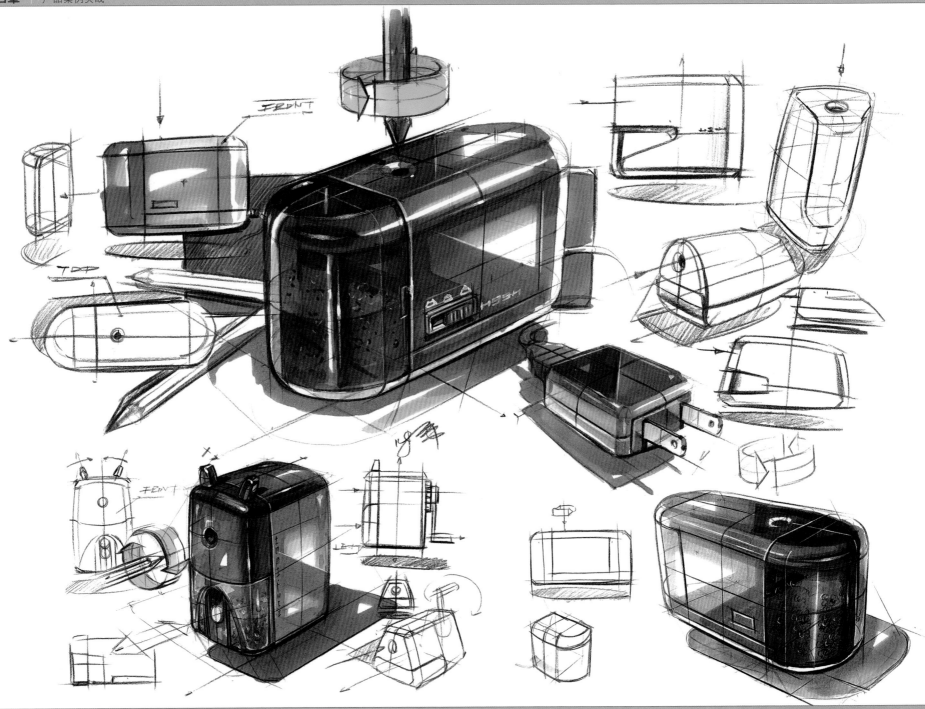

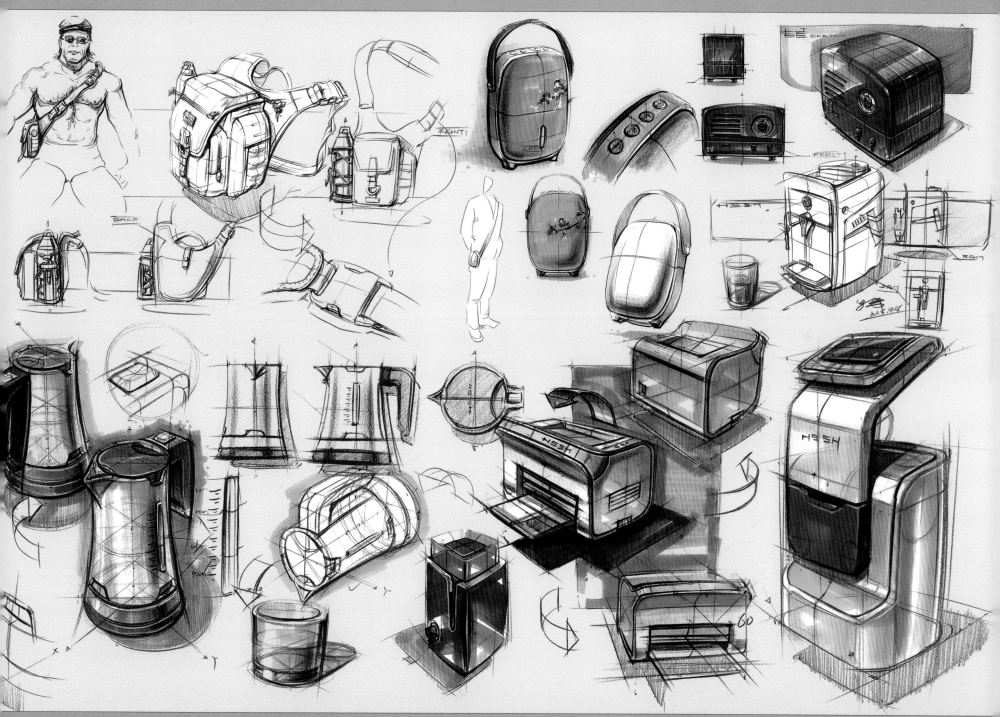

二、几何形体穿插、组合

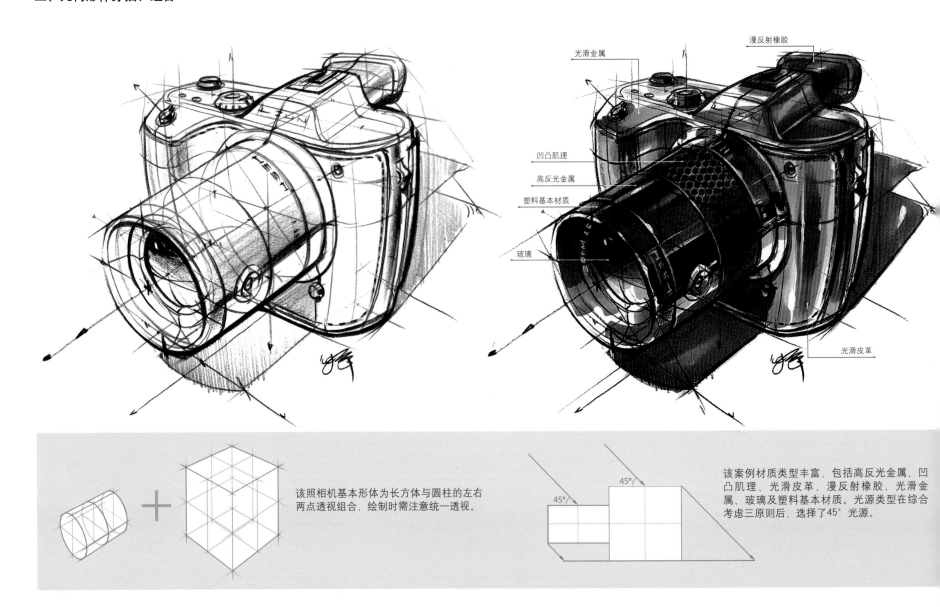

漫反射橡胶

光滑金属

凹凸肌理

高反光金属

塑料基本材质

玻璃

光滑皮革

该照相机基本形体为长方体与圆柱的左右两点透视组合，绘制时需注意统一透视。

45°

45°

该案例材质类型丰富，包括高反光金属、凹凸肌理、光滑皮革、漫反射橡胶、光滑金属、玻璃及塑料基本材质。光源类型在综合考虑三原则后，选择了45°光源。

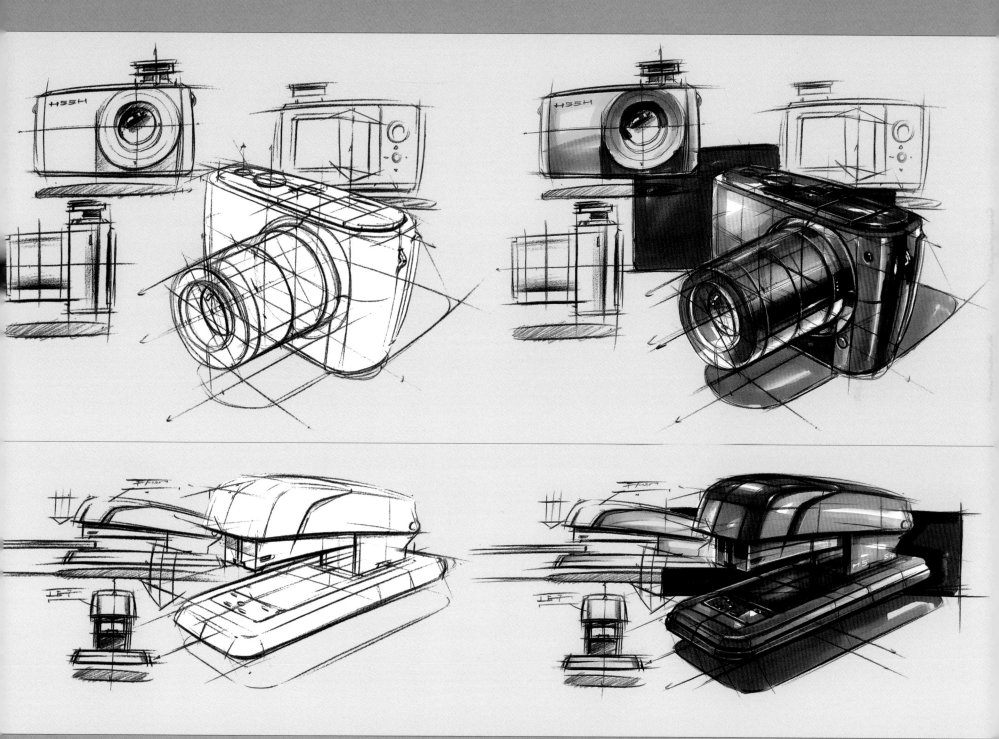

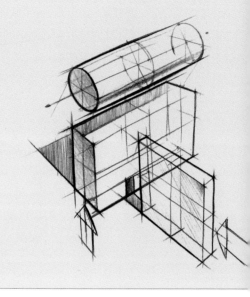

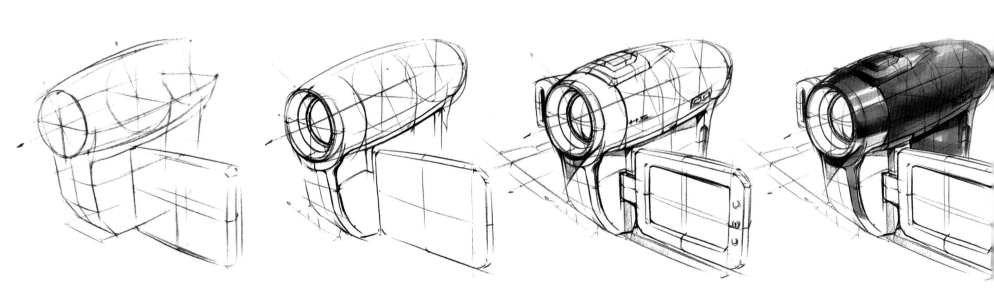

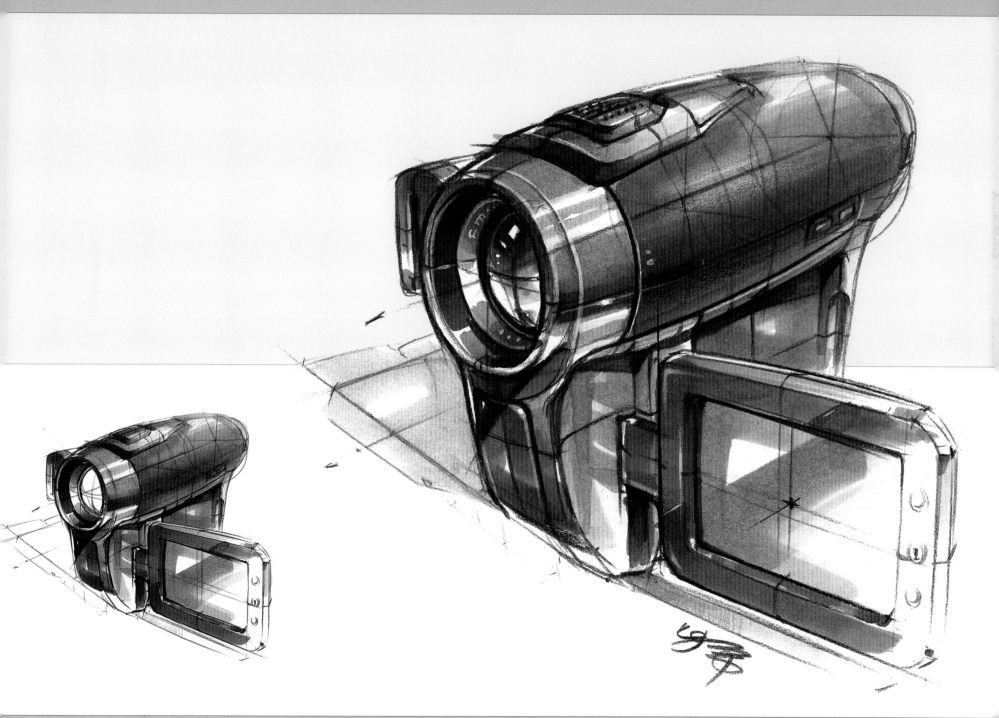

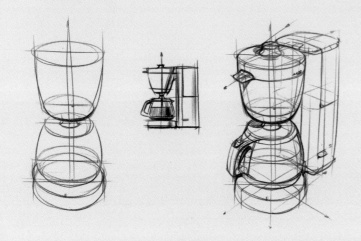

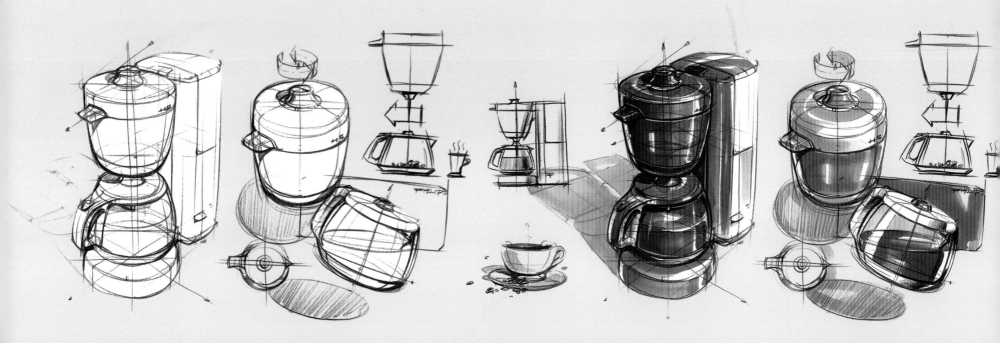

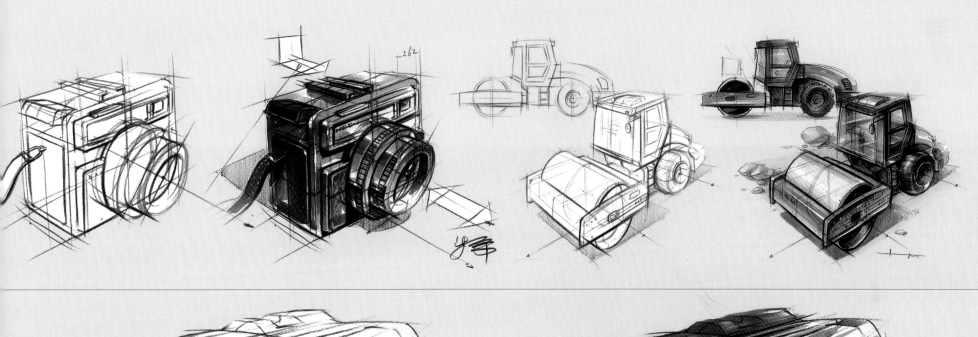

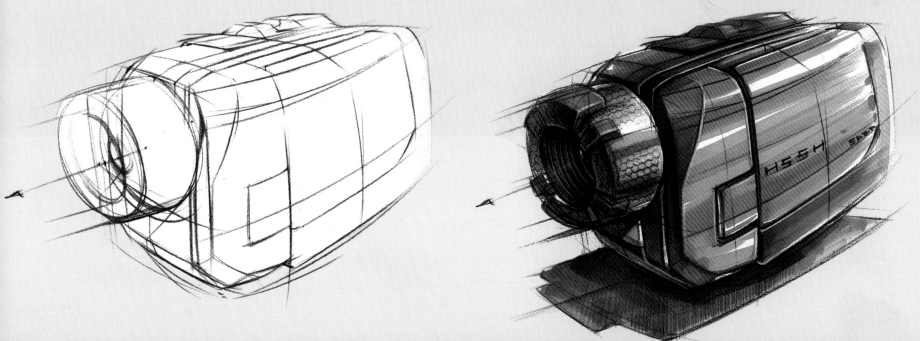

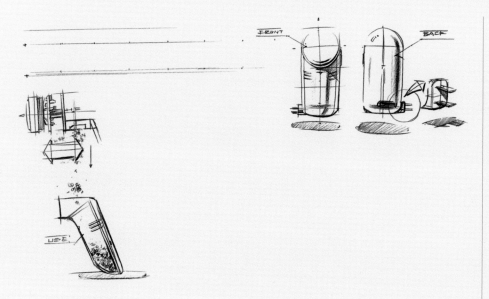
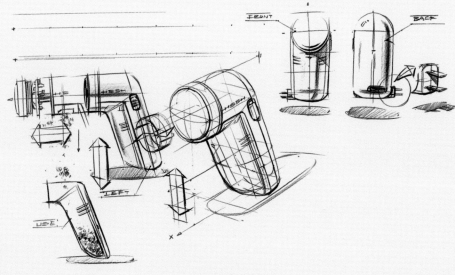
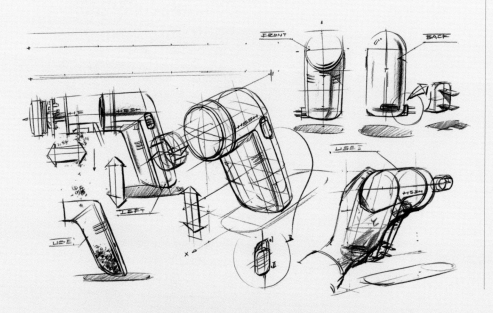

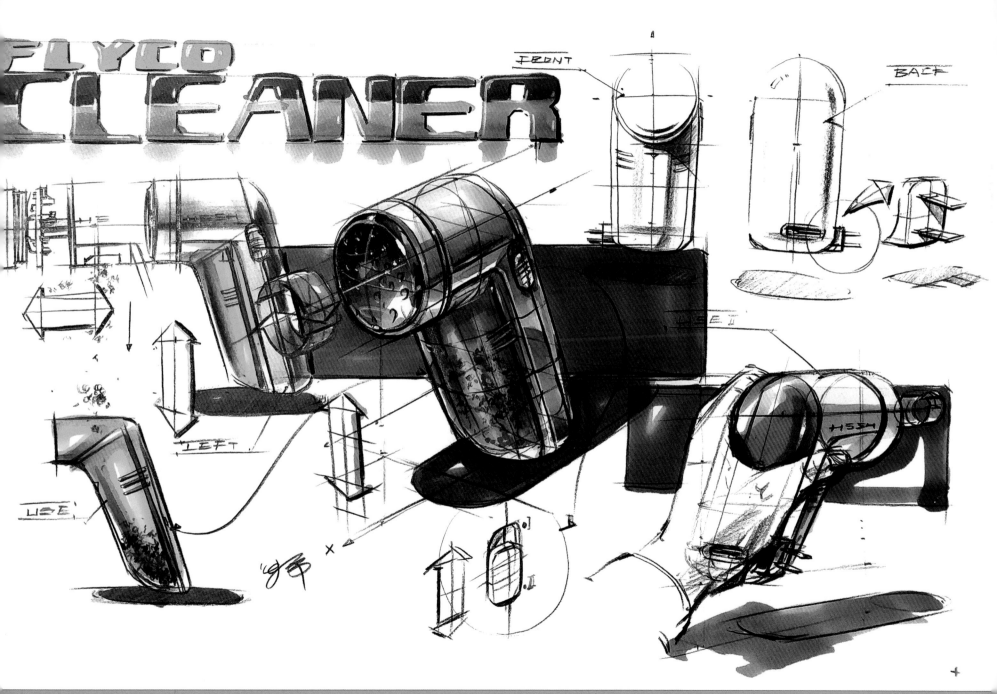

FLYCO CLEANER

FRONT

BACK

LEFT

USE

USE

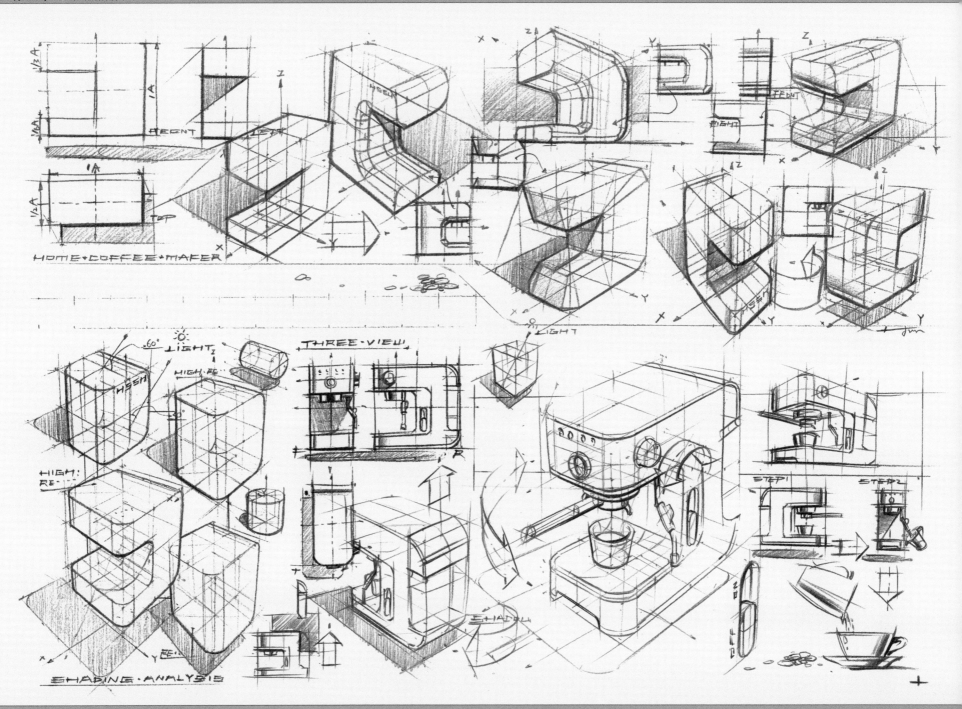

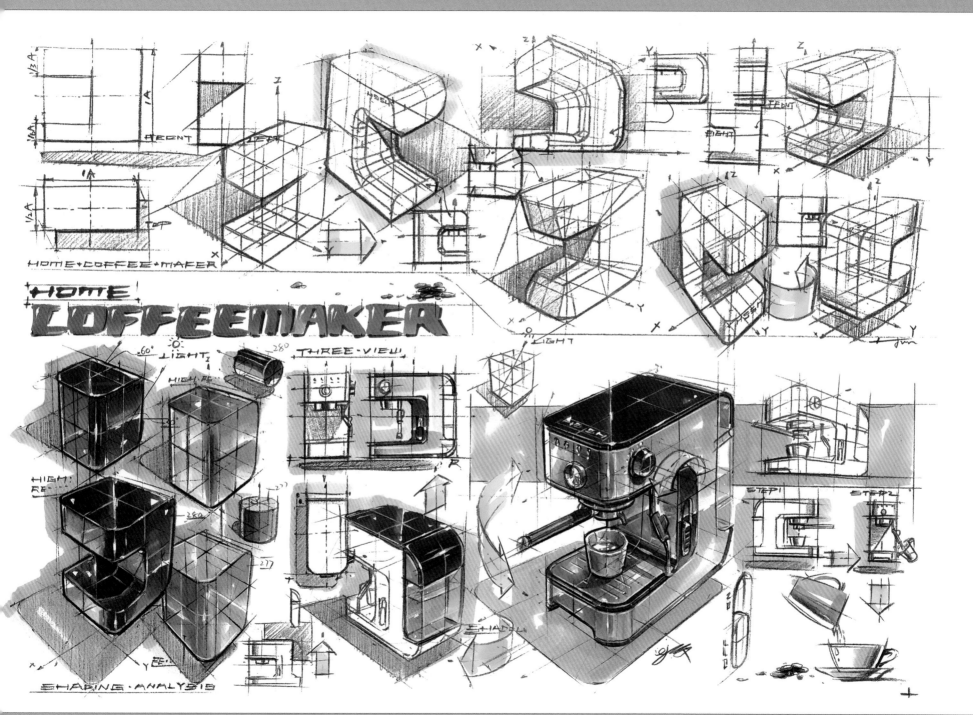

HOME·COFFEE·MAKER

HOME
COFFEEMAKER

LIGHT THREE·VIEW

SHADING·ANALYSIS

STEP1 STEP2

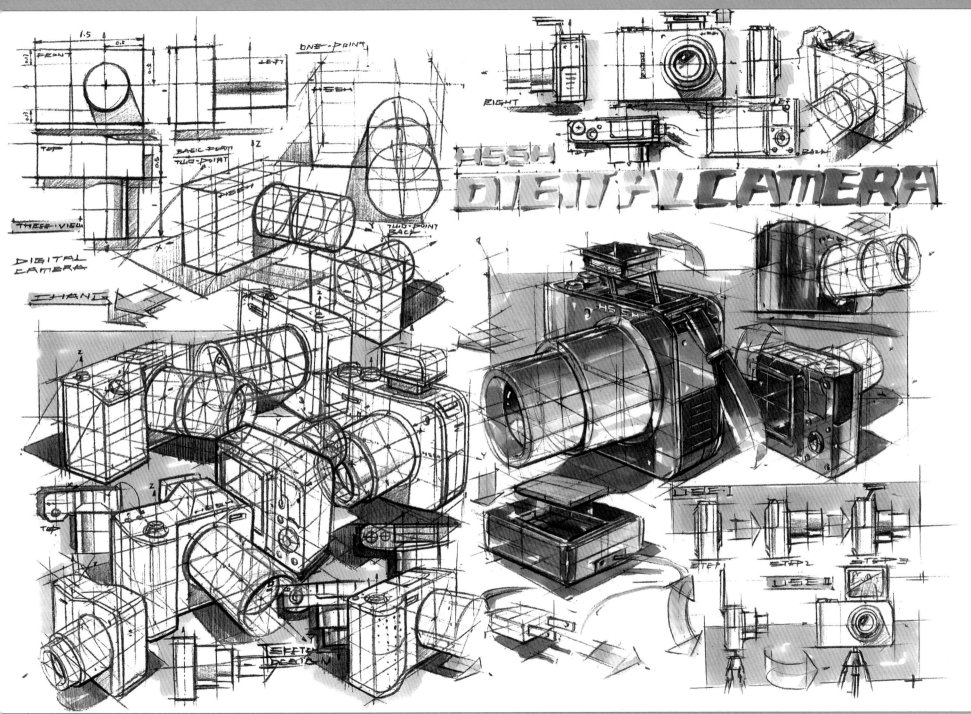

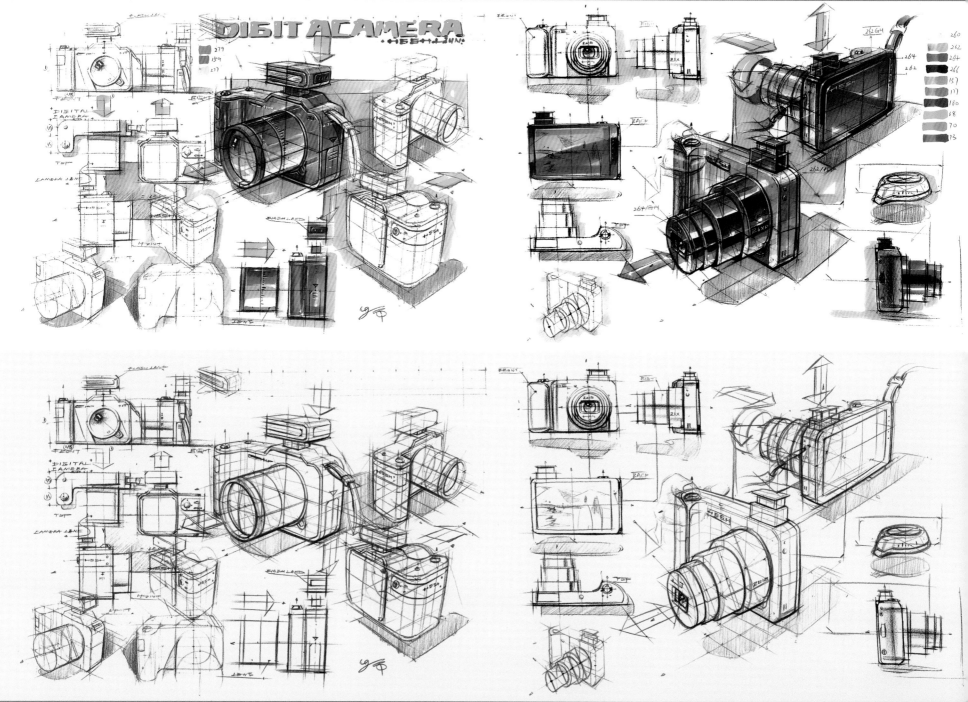

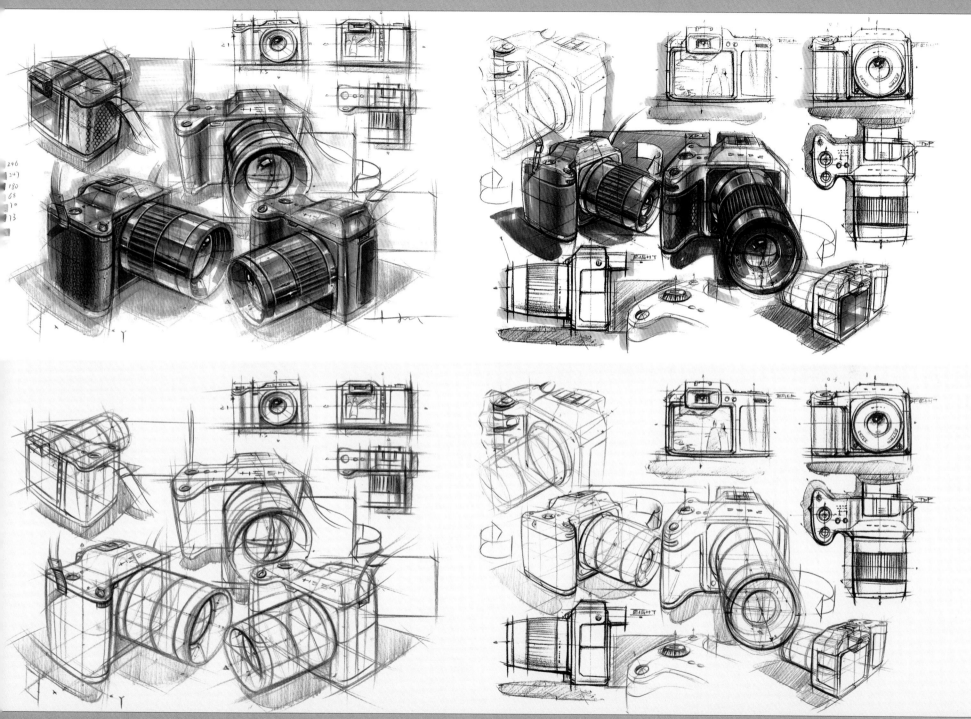

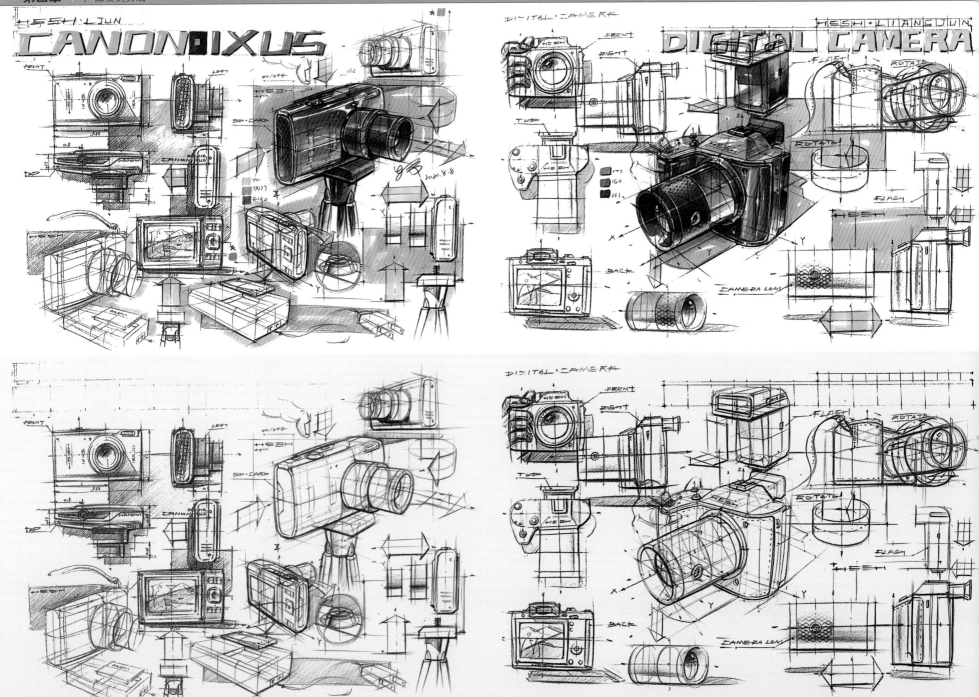

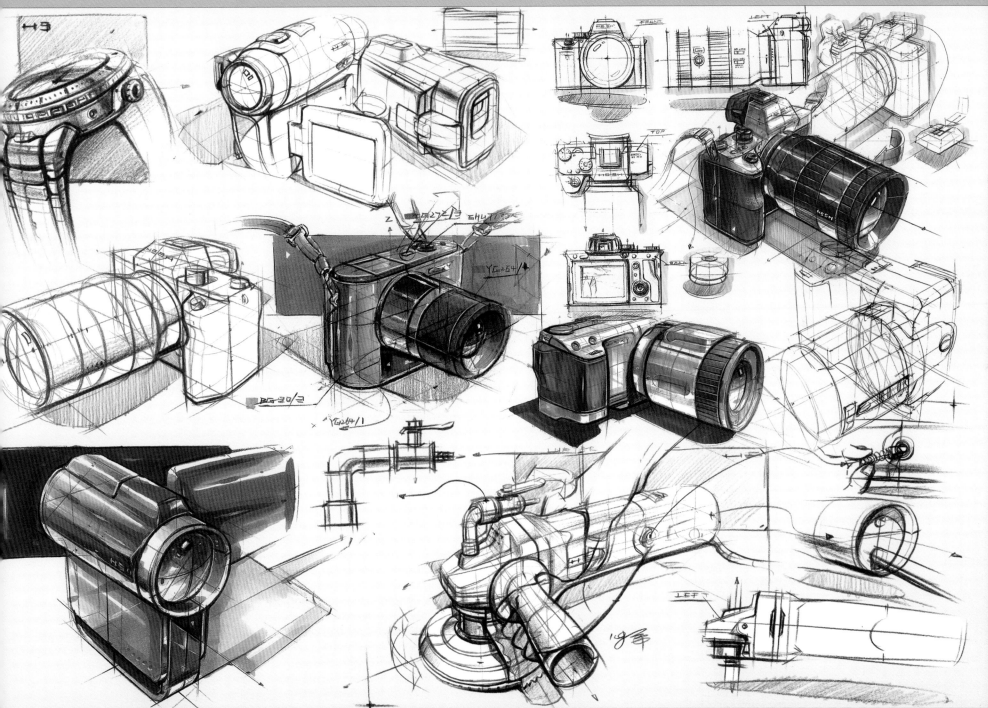

一、拉伸建模

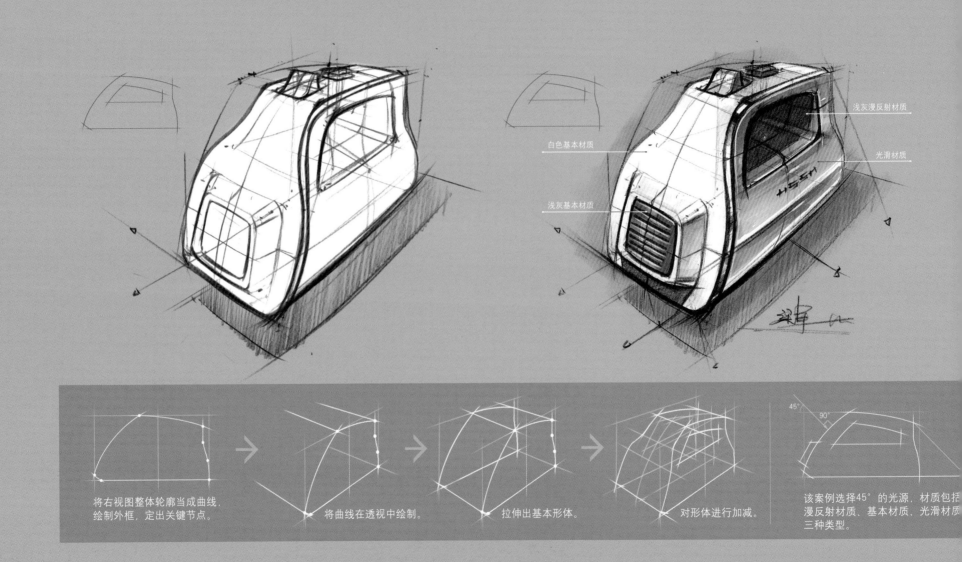

白色基本材质

浅灰基本材质

浅灰漫反射材质

光滑材质

将右视图整体轮廓当成曲线,绘制外框,定出关键节点。

将曲线在透视中绘制。

拉伸出基本形体。

对形体进行加减。

该案例选择45°的光源,材质包括漫反射材质、基本材质、光滑材质三种类型。

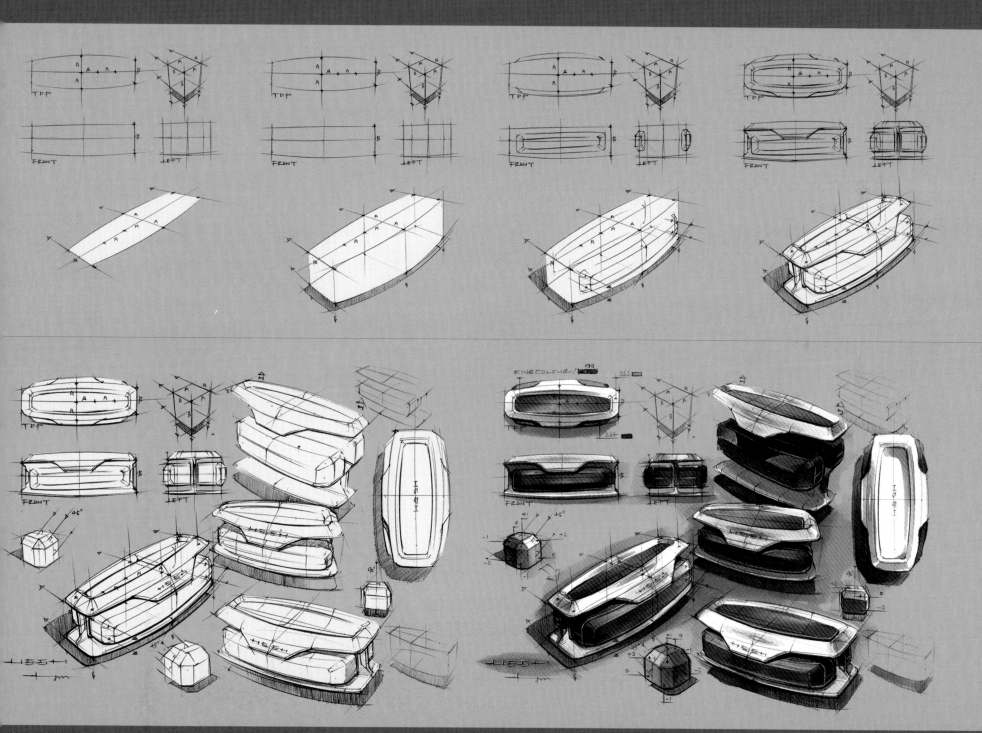

二、放样、扫掠建模

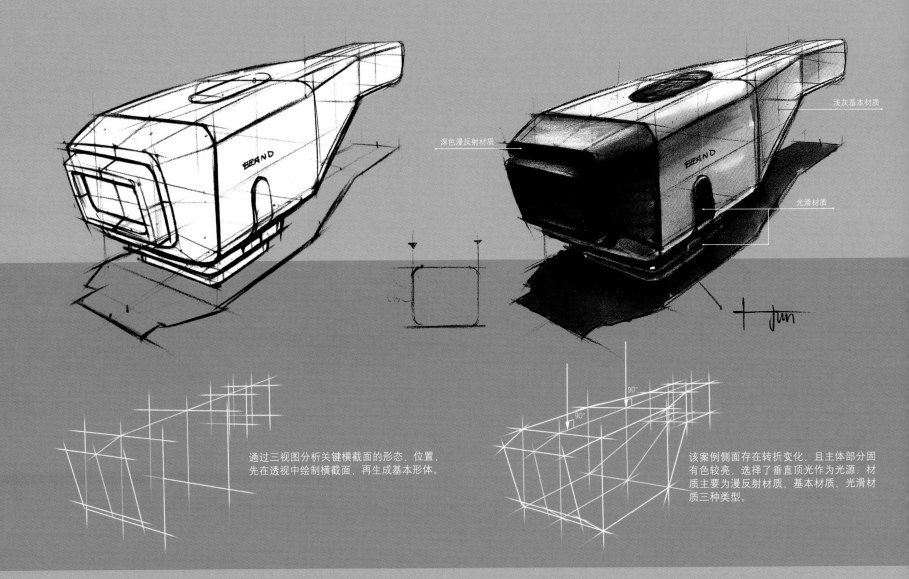

深色漫反射材质

浅灰基本材质

光滑材质

通过三视图分析关键横截面的形态、位置，先在透视中绘制横截面，再生成基本形体。

该案例侧面存在转折变化，且主体部分固有色较亮，选择了垂直顶光作为光源；材质主要为漫反射材质、基本材质、光滑材质三种类型。

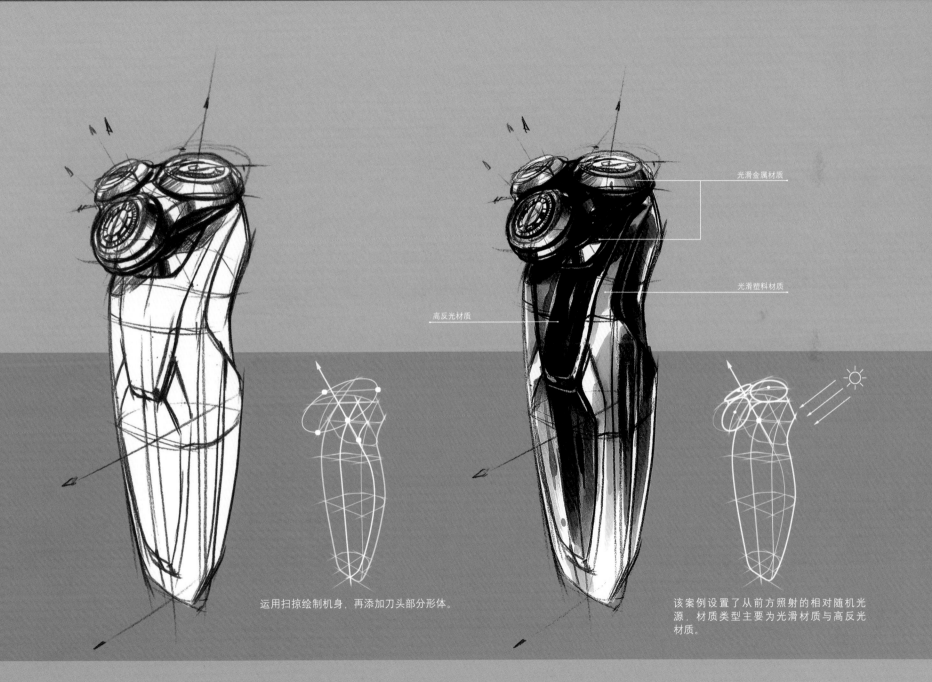

光滑金属材质

光滑塑料材质

高反光材质

运用扫掠绘制机身，再添加刀头部分形体。

该案例设置了从前方照射的相对随机光源，材质类型主要为光滑材质与高反光材质。

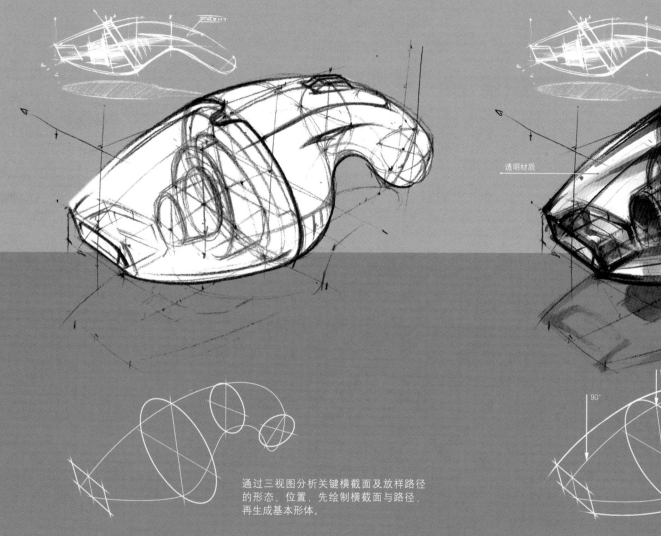

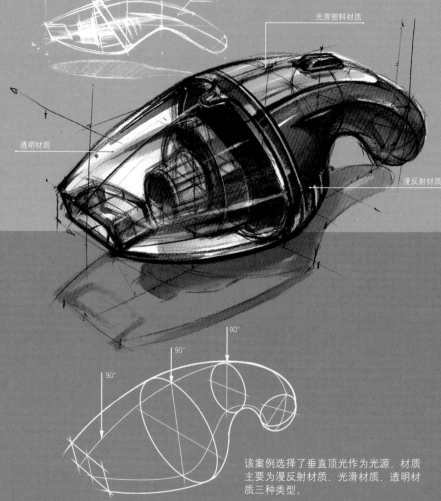

光滑塑料材质

透明材质

漫反射材质

通过三视图分析关键横截面及放样路径
的形态、位置，先绘制横截面与路径，
再生成基本形体。

该案例选择了垂直顶光作为光源，材质
主要为漫反射材质、光滑材质、透明材
质三种类型。

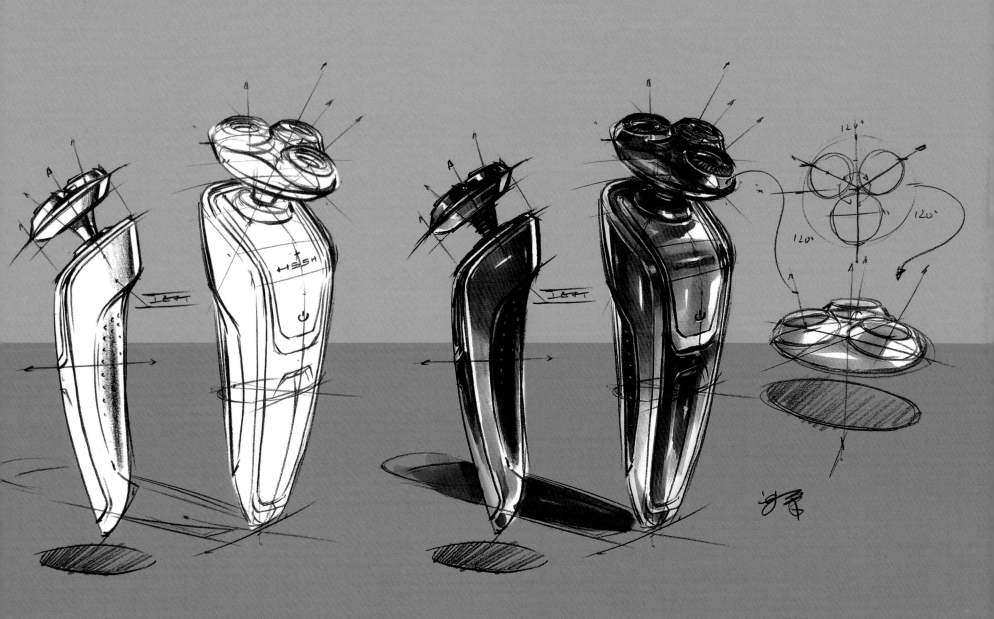

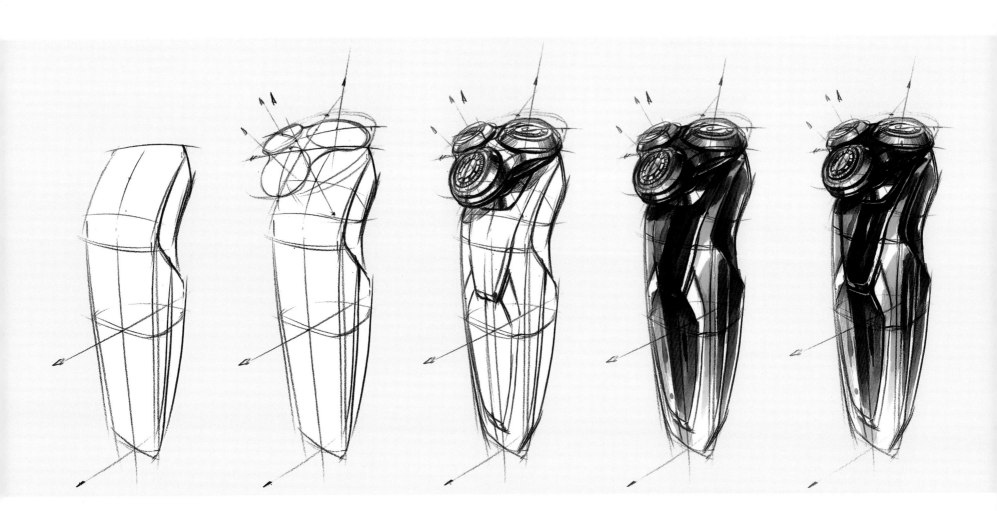

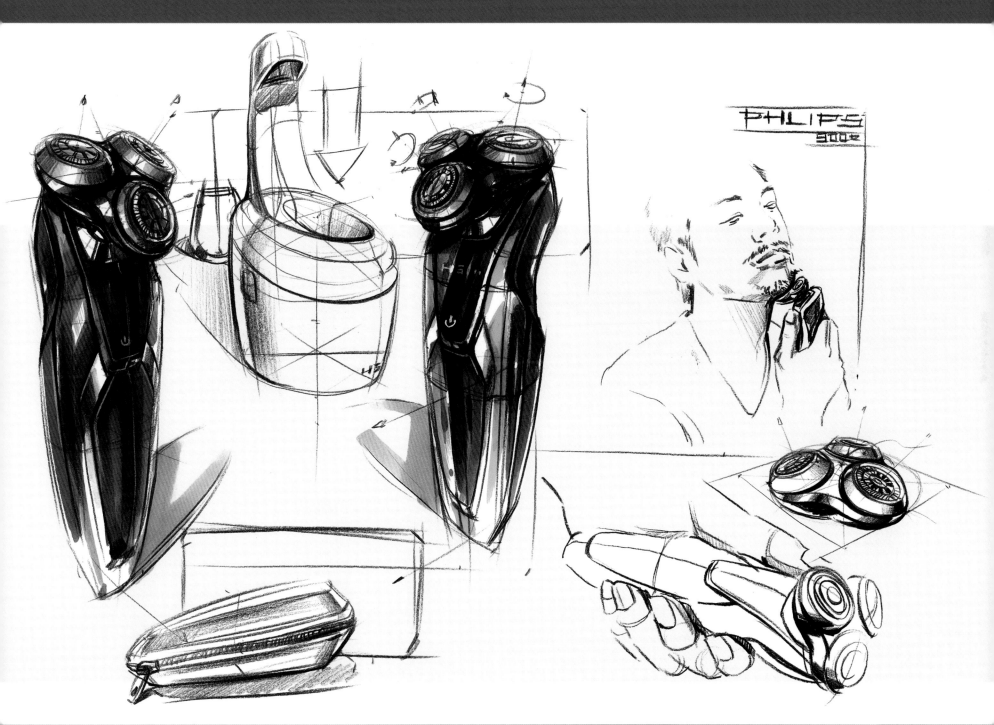

PHLIPS
900²

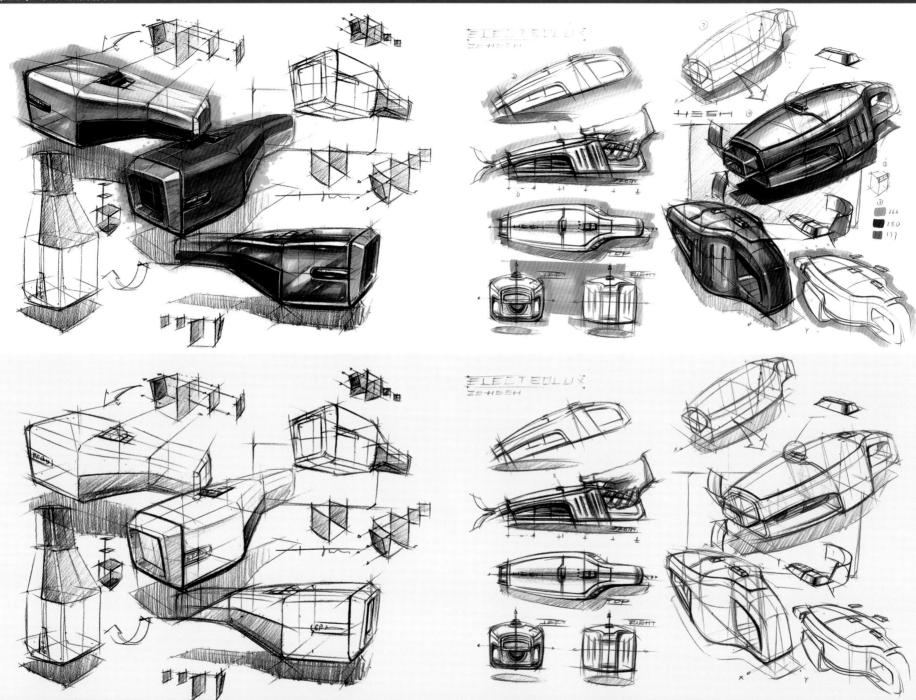

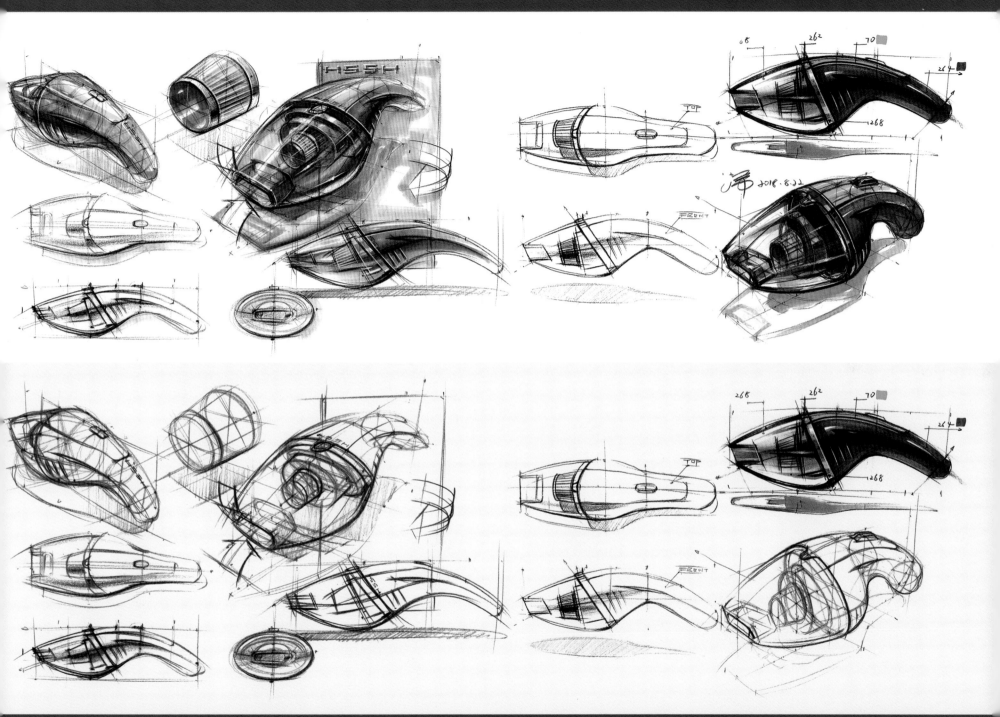

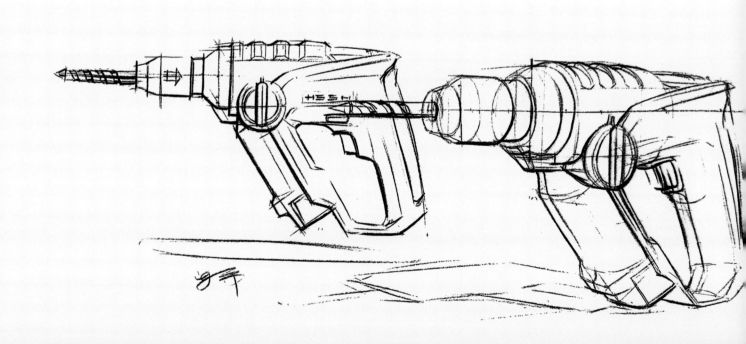

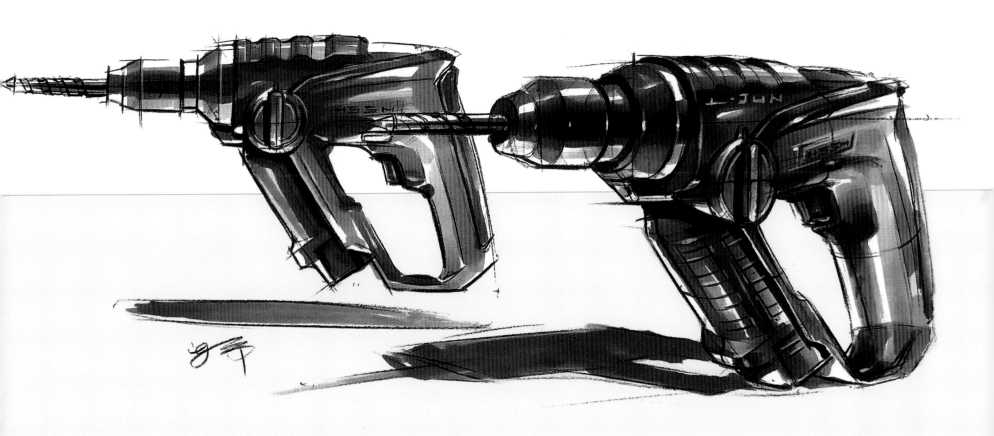

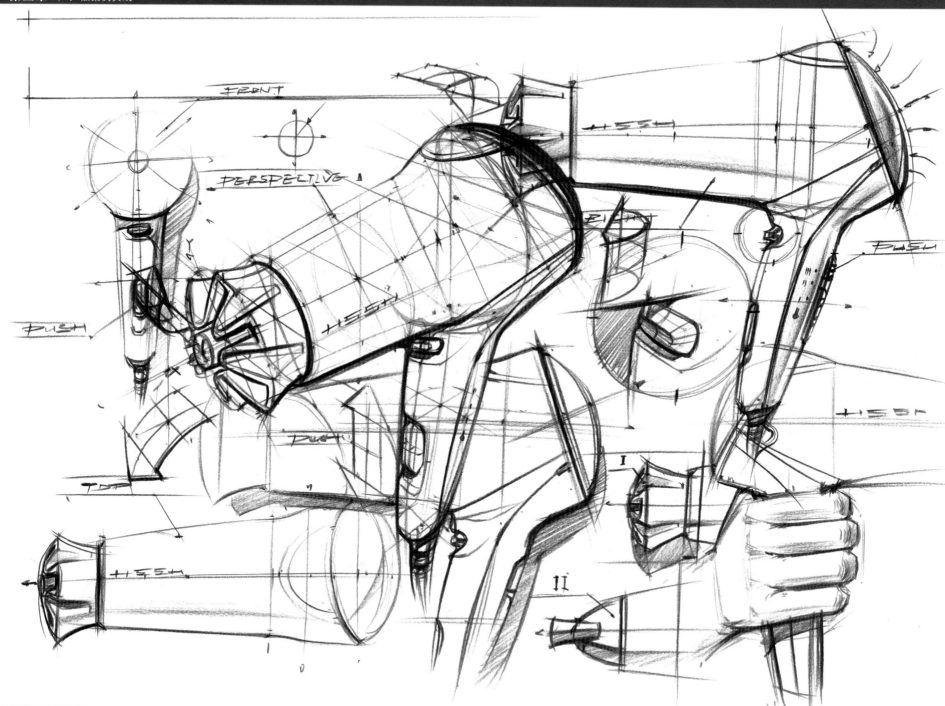

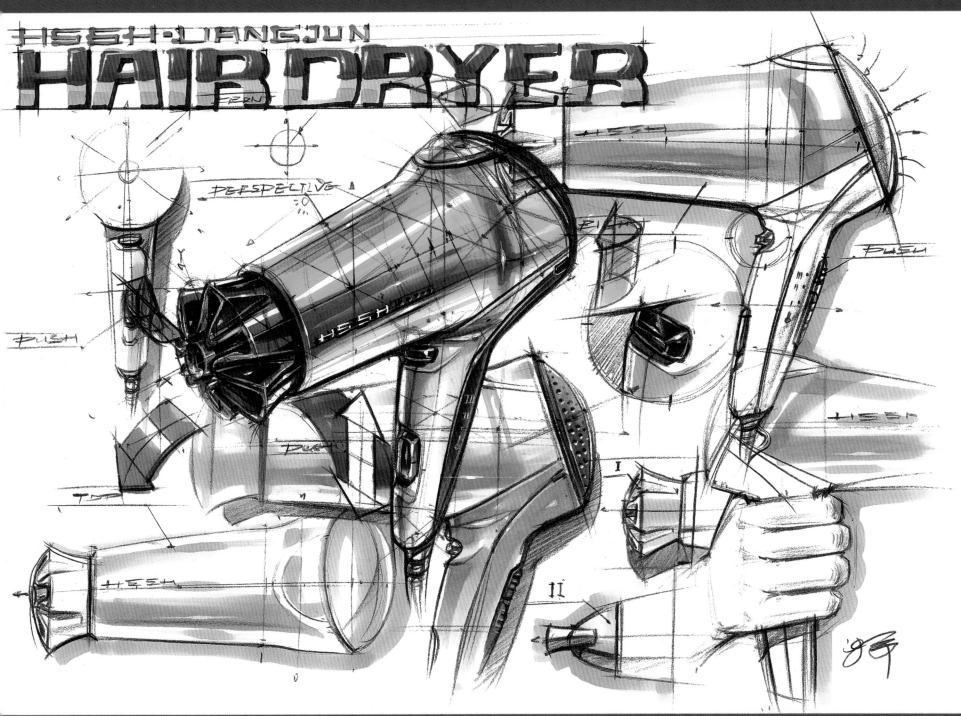

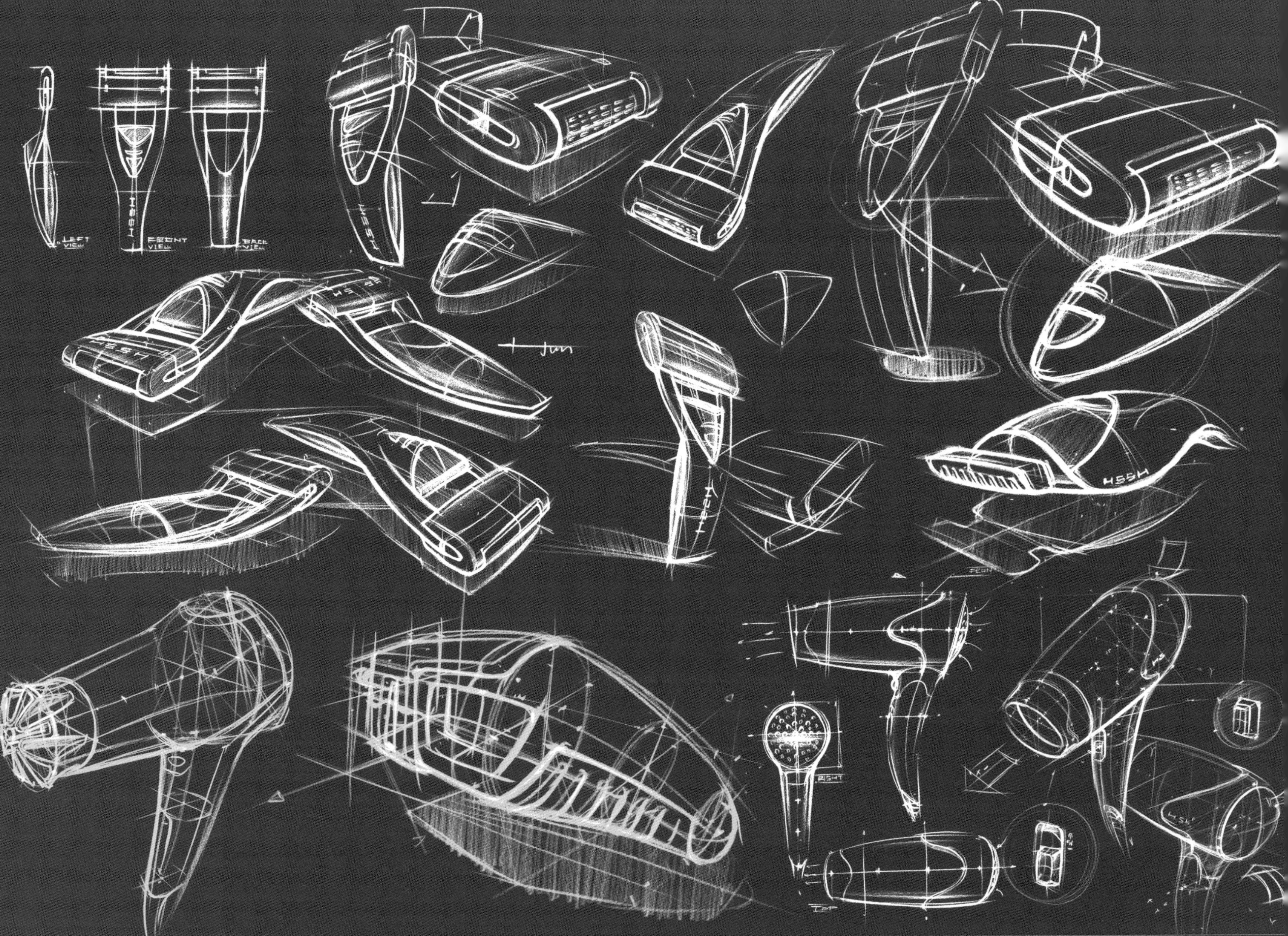
LEFT VIEW
FRONT VIEW
BACK VIEW

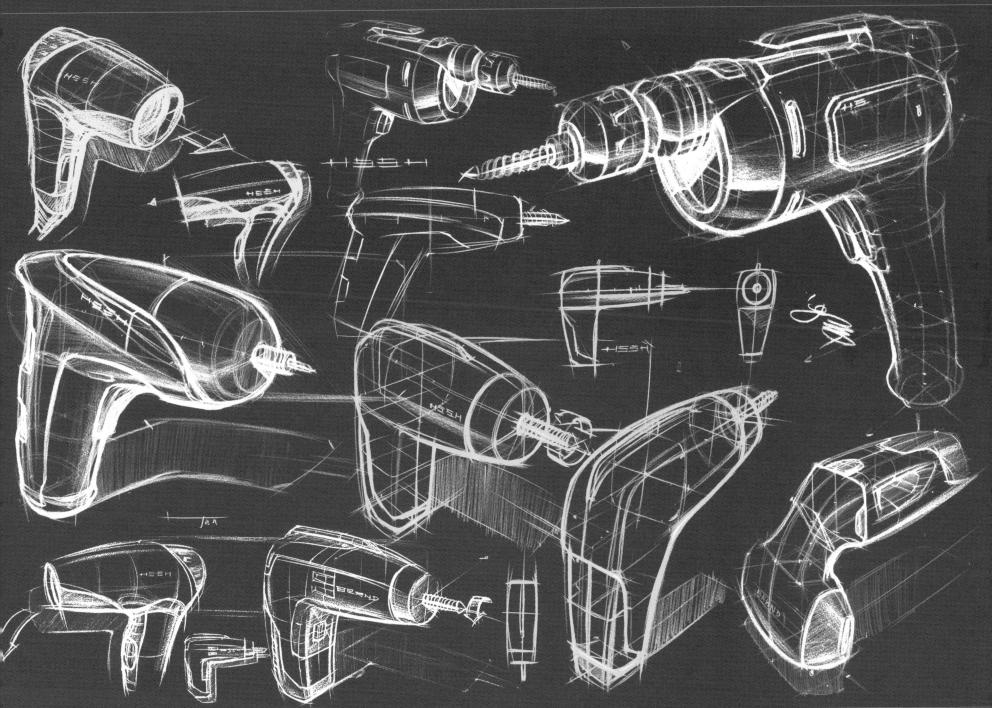

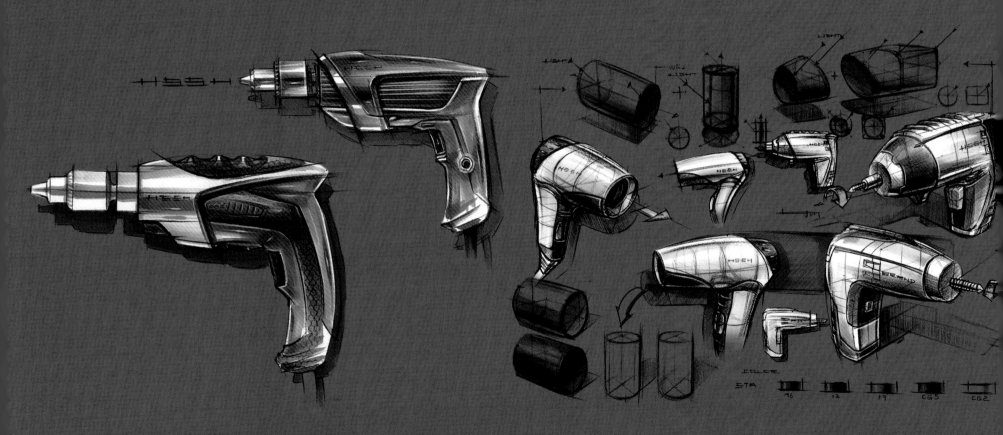

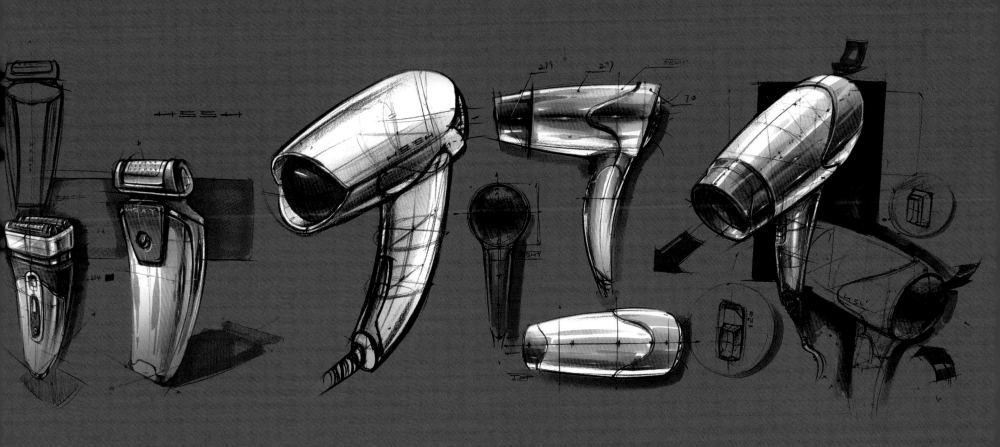

三、嵌面建模

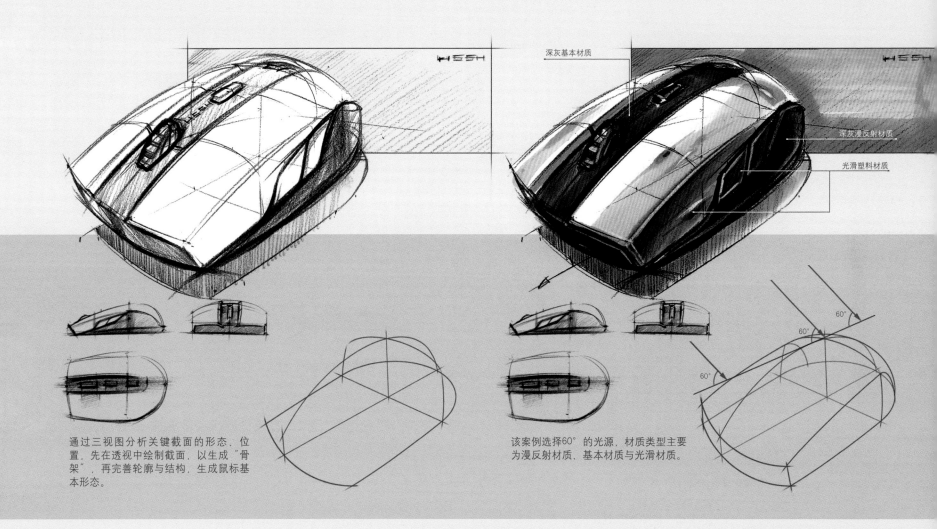

深灰基本材质

深灰漫反射材质

光滑塑料材质

通过三视图分析关键截面的形态、位置，先在透视中绘制截面，以生成〝骨架〞，再完善轮廓与结构，生成鼠标基本形态。

该案例选择60°的光源，材质类型主要为漫反射材质、基本材质与光滑材质。

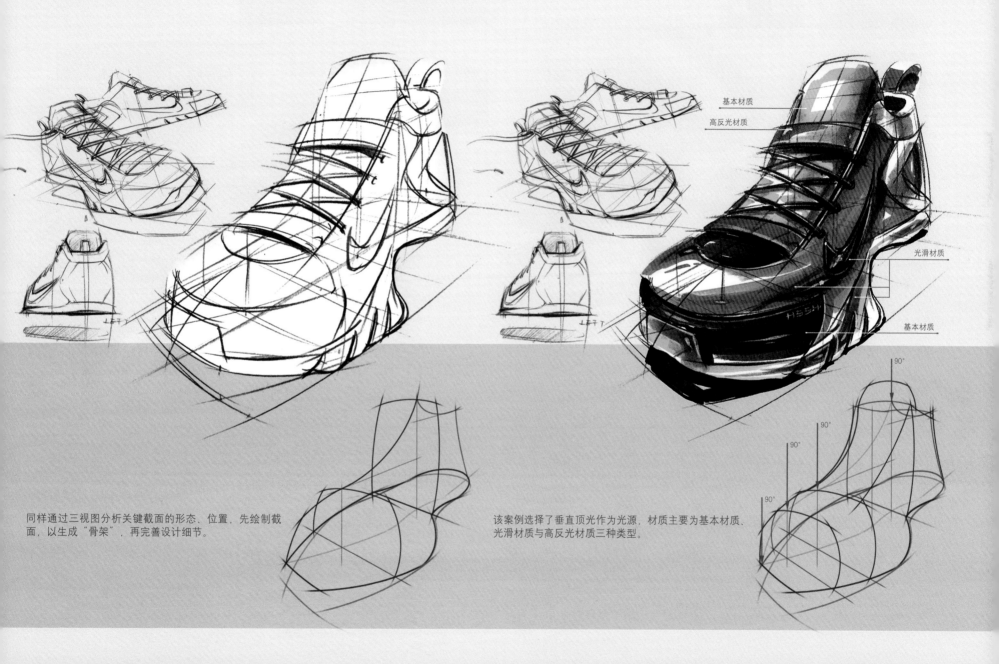

基本材质

高反光材质

光滑材质

基本材质

同样通过三视图分析关键截面的形态、位置，先绘制截
面，以生成"骨架"，再完善设计细节。

该案例选择了垂直顶光作为光源，材质主要为基本材质、
光滑材质与高反光材质三种类型。

90°
90°
90°
90°
90°

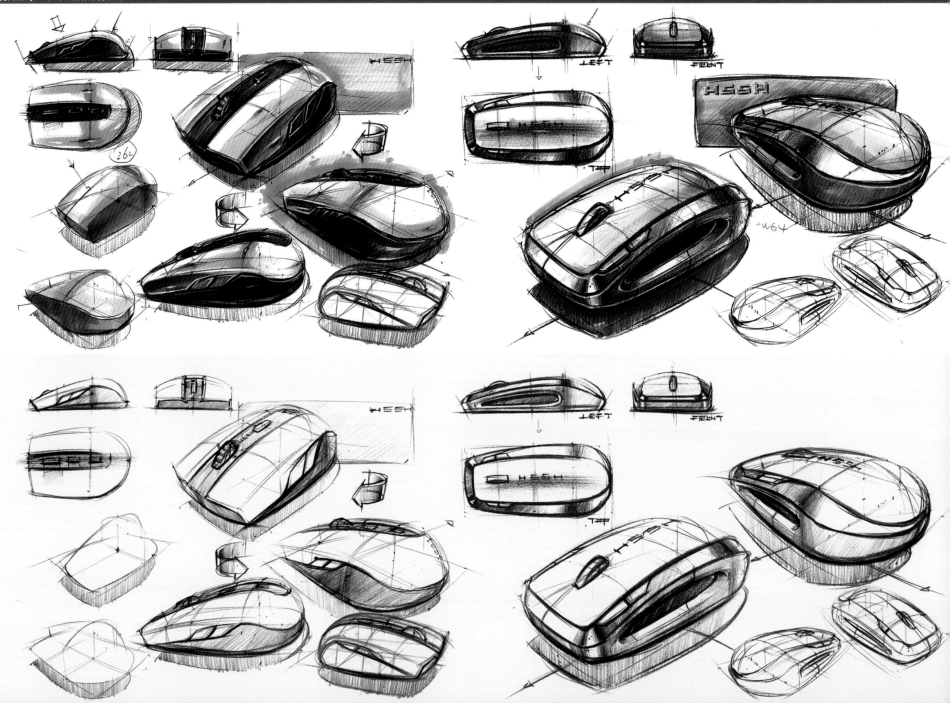

BASKETBALL SHOE

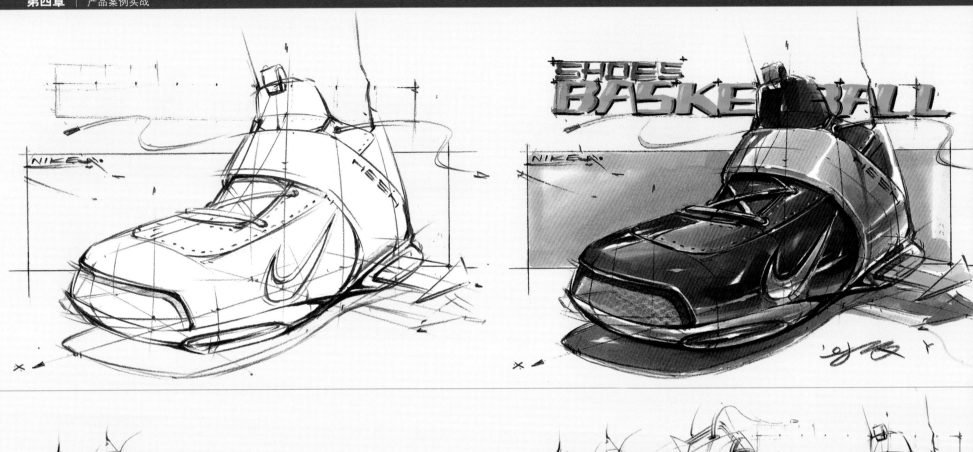

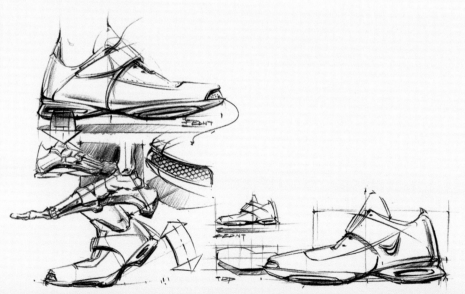

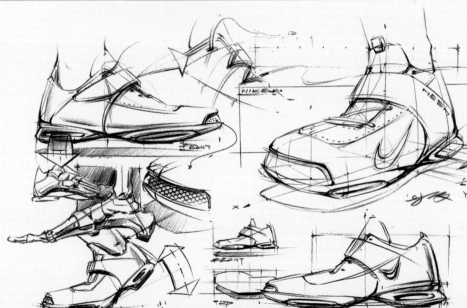

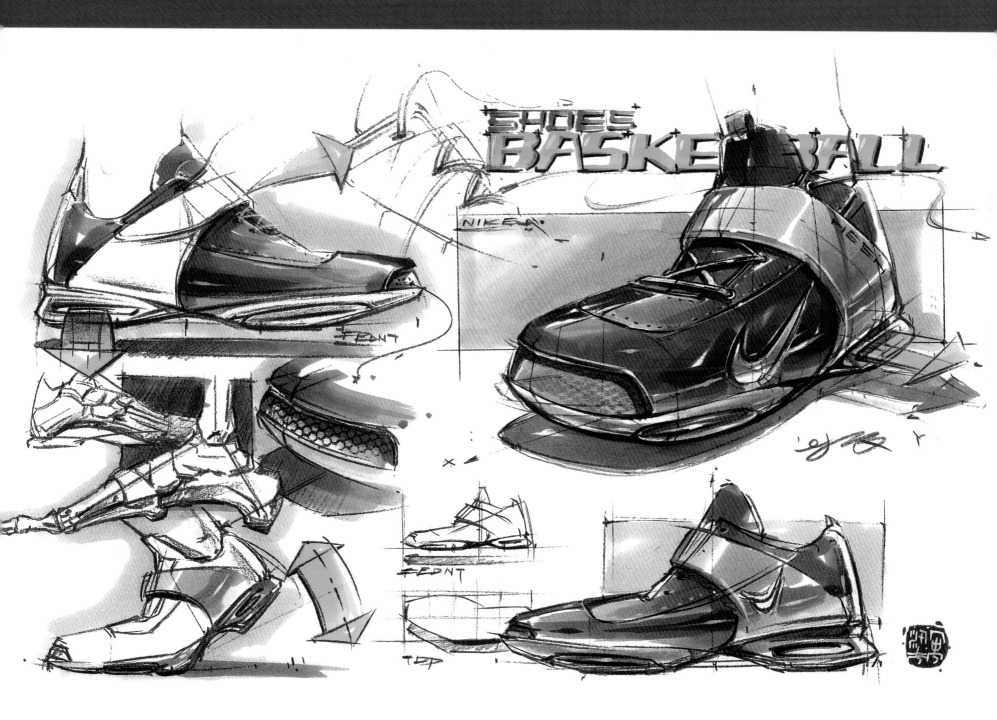

SHOES
BASKETBALL

NIKE

FRONT

FRONT

TOP

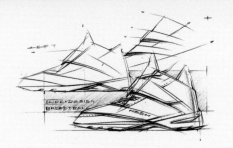

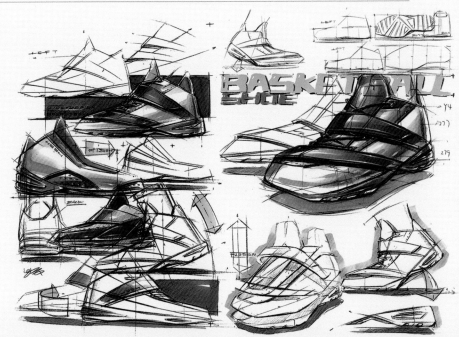

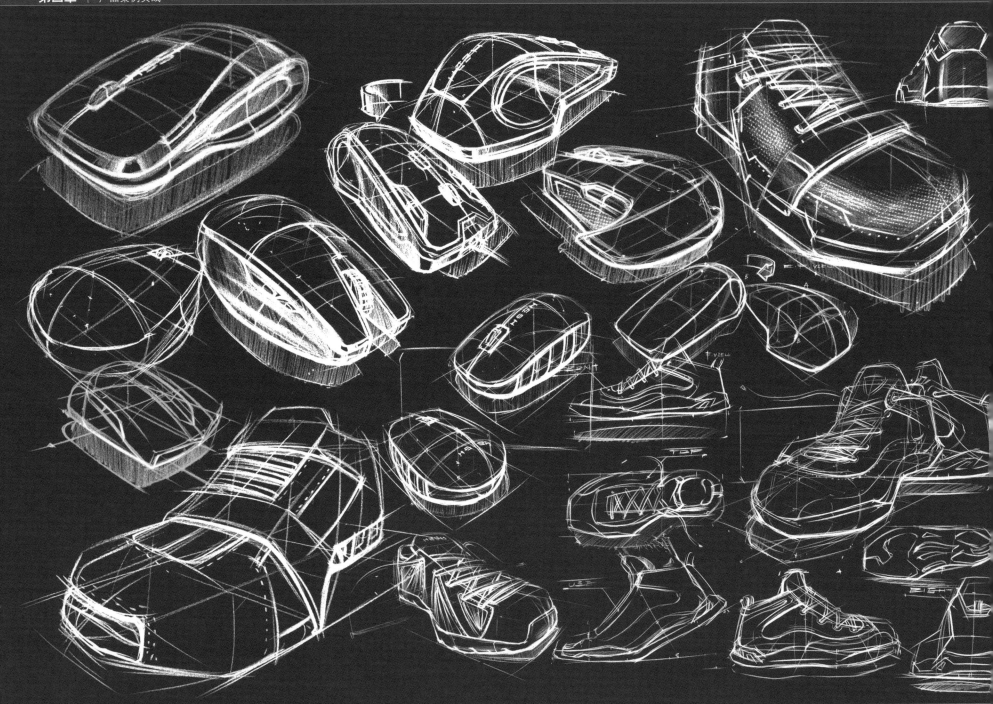

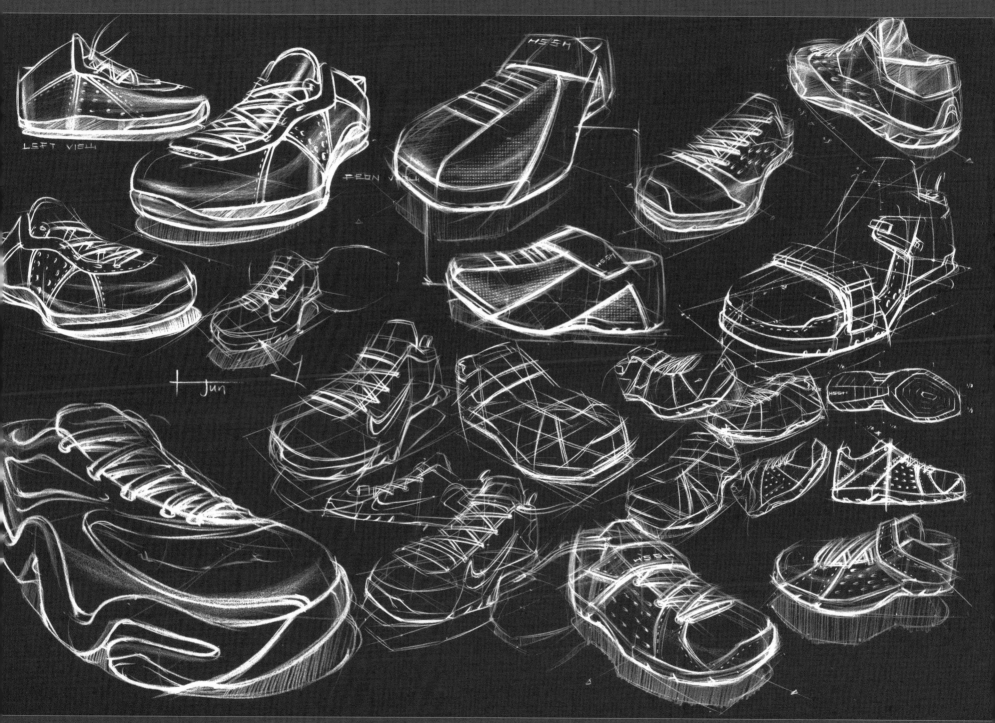

LEFT VIEW

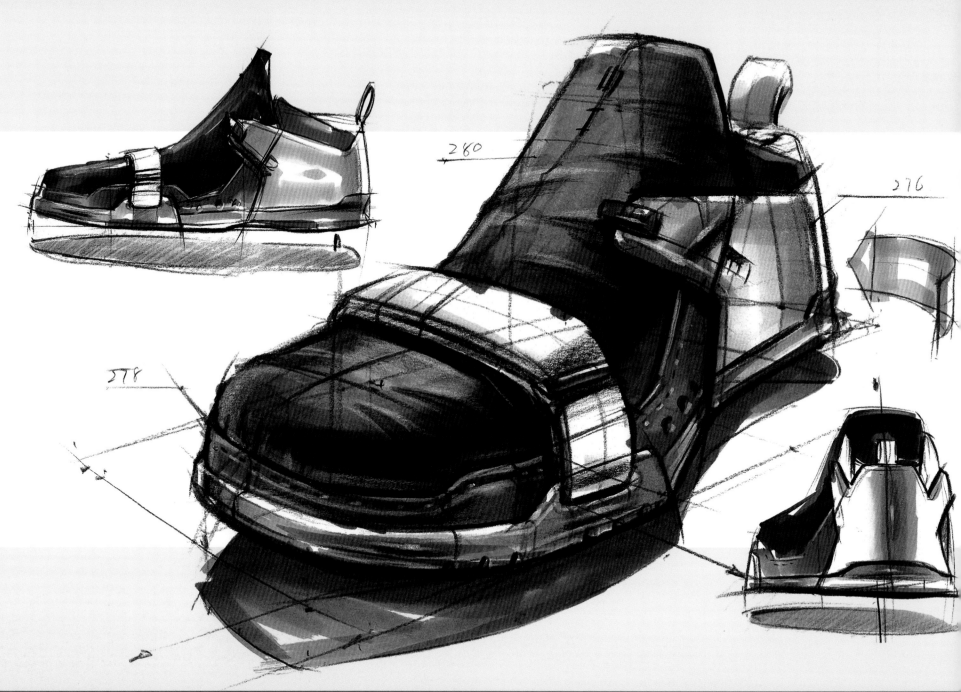

280

276

278

四、综合建模——汽车

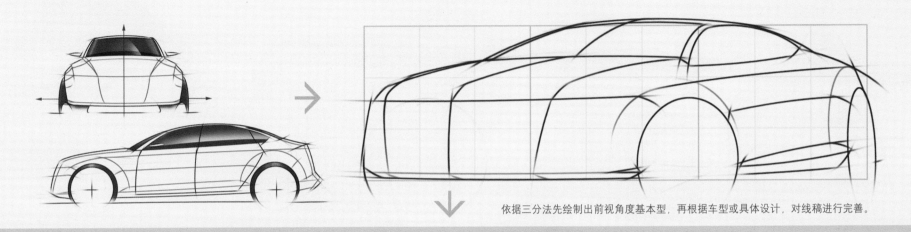

依据三分法先绘制出前视角度基本型，再根据车型或具体设计，对线稿进行完善。

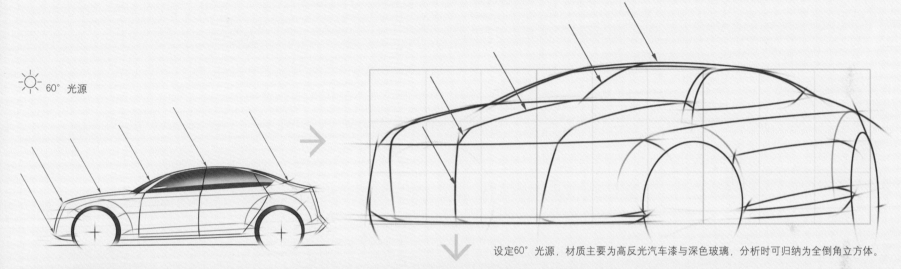

60° 光源

设定60°光源，材质主要为高反光汽车漆与深色玻璃，分析时可归纳为全倒角立方体。

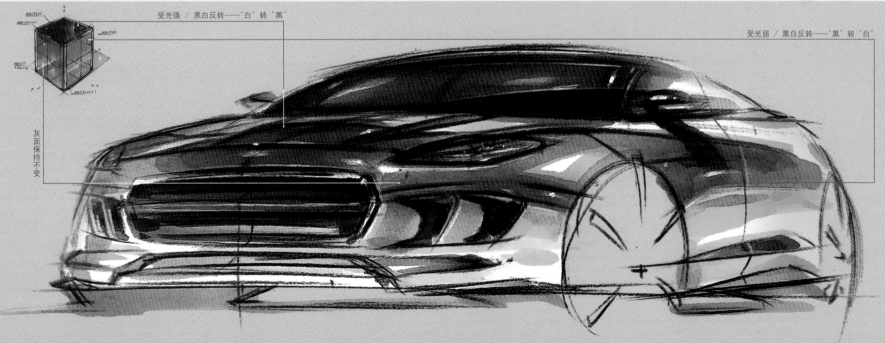

受光强 ／ 黑白反转——"白"转"黑"

受光弱 ／ 黑白反转——"黑"转"白"

灰面保持不变

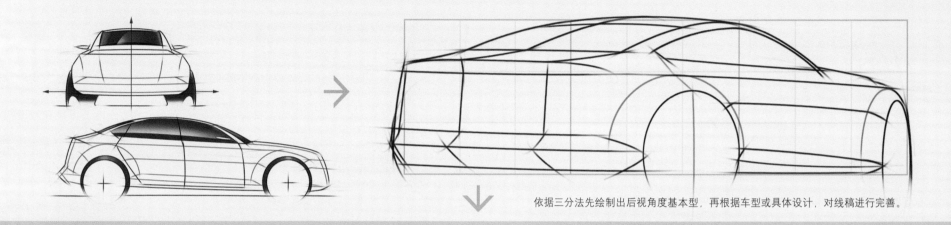

依据三分法先绘制出后视角度基本型，再根据车型或具体设计，对线稿进行完善。

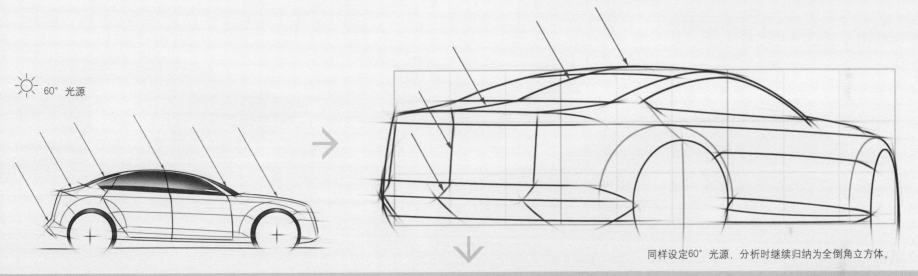

同样设定60°光源，分析时继续归纳为全倒角立方体。

受光强／黑白反转——"白"转"黑"

灰面保持不变

60°光源

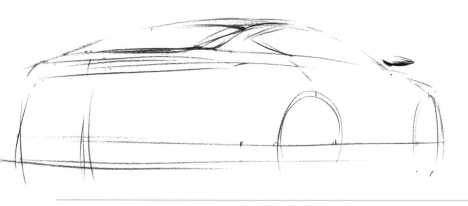

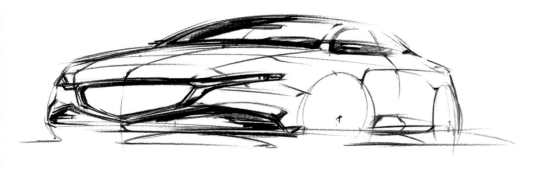

QUARTZ

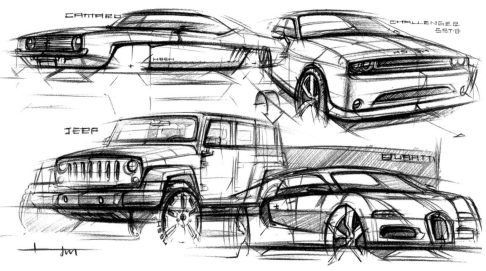

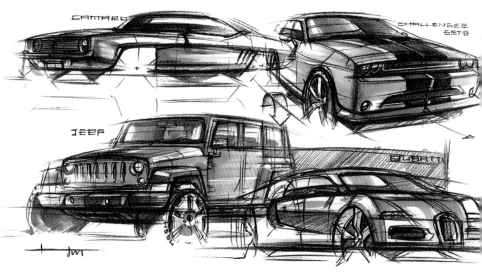

CAMARO

CHALLENGER
SRT·8

JEEP

BUGATTI

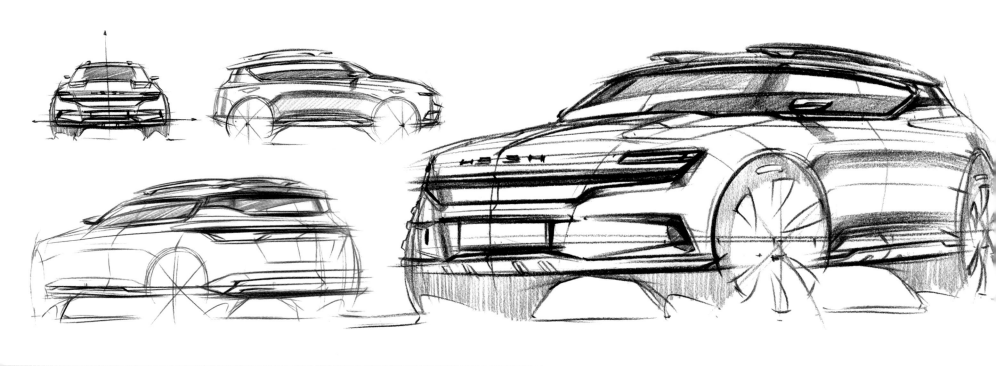

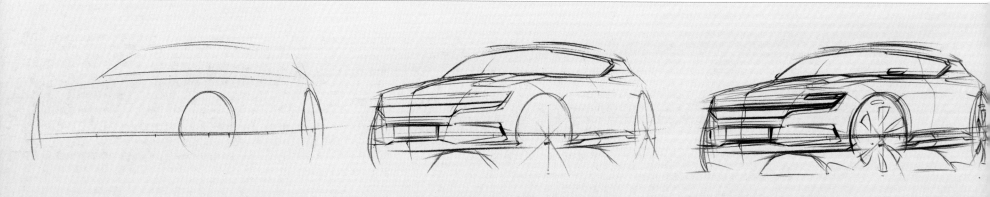

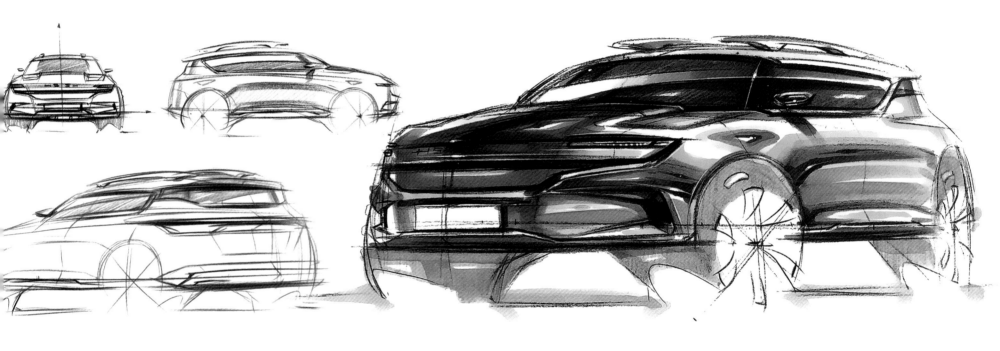

BG90
B240
BG68
NG279
NG277

BG90
B240
BG68
NG279
NG277
BG92
NG280

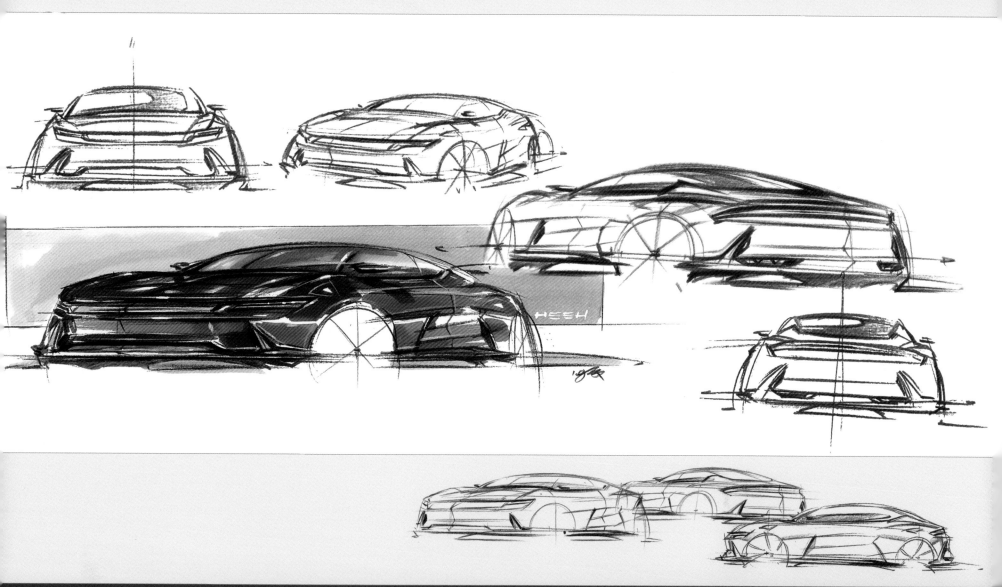

HSSH
CAR-SKETCH

HSSH
CAR-SKETCH

五、综合建模——其他

HSSH
SPACECRAFT-SKETCH

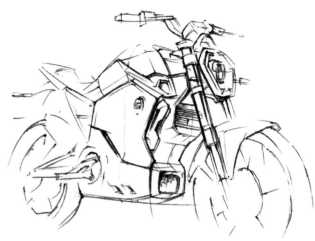

HSSH
SUPER/SOCO-SKETCH

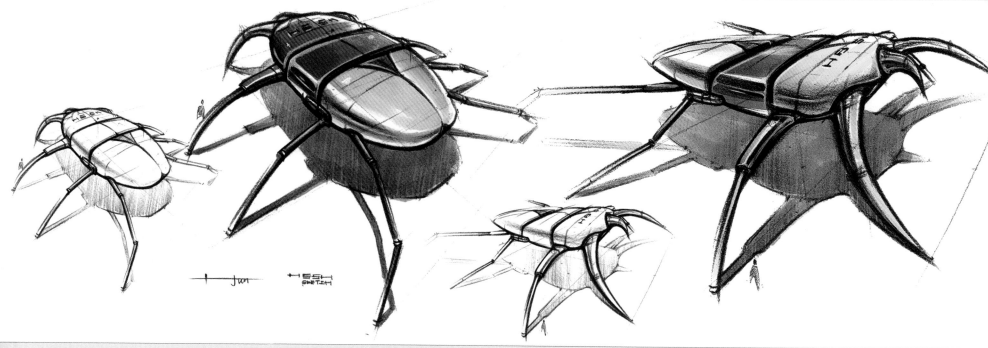

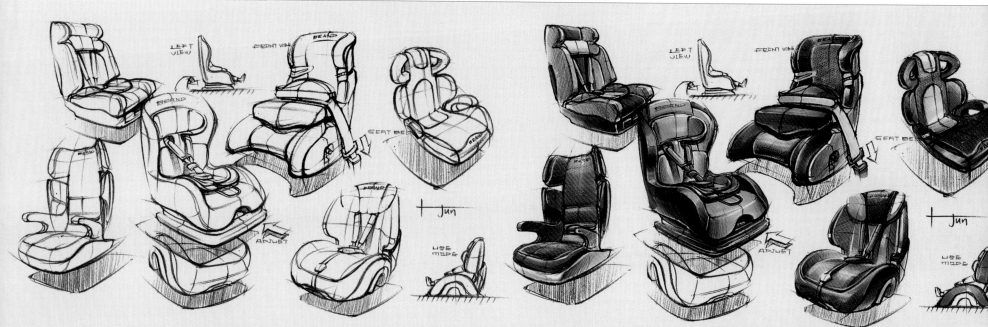

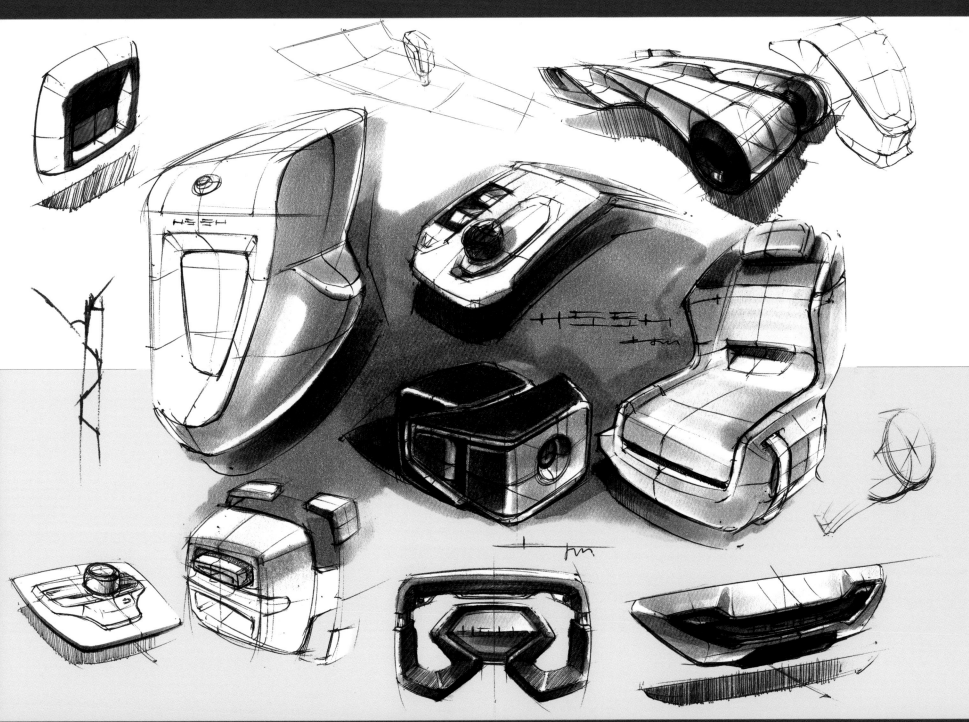

后记 20 点教学感悟 / 送给正在学习设计手绘的你 | POSTSCRIPT

1/ 有学生问："老师，为什么看你画的时候那么轻松，自己画却画不好？"

答："我只是画得比你多一点，想得比你快一点，下笔比你准一点。"

2/ 有学生问："老师，我单练线条时可以把线条画得很轻松，为什么在空间里画产品就不敢画了？"

答："画之前你知道不知道你要一根什么线条，如果不知道，和你练线条有区别吗？"

3/ 有学生问："老师，我马克笔真的用不好，是不是你用的马克笔好一点？"

答："你冤枉马克笔了。"

4/ 有学生问："老师，这一块我应该用什么样的马克笔笔触？"

答："怎么样运笔最舒服。"

5/ 有学生问："老师，我不会画车，根本不知道怎么下笔，怎么办？"

答："你会画立方体吗？如果你会，是因为你了解它，先去了解车。"

6/ 有学生问："老师，短时间内真能学好手绘吗？"

答："短时间你能不能学会一个软件？如果能，你也能学好手绘，它们都只是进行设计的一门技能。"

7/ 有学生问："老师，黄山首绘为什么要教得这么理性？为什么不能根据我们的特点自由发挥？"

答："感性，我教不来。"

8/ 有学生问："老师，什么样的手绘才是好的手绘？"

答："能把你想的画出来，就是你自己最好的手绘。"

9/ 还有学生问："老师，怎么样才能把手绘画好？"

答："……"

10/ 其实……

没有人生下来就会画图，不会画是因为存在各种问题。

这些问题，就藏在你每一笔的疑惑和不确定背后，搞懂后自然就会了。

学的什么专业，有没有基础，都不重要，重要的是方法与刻苦。